校企合作旅游与酒店管理专业精品教材

茶文化与制茶技艺

主编　王明刚
主审　丁立孝

镇　江

内 容 提 要

本书采用“模块—任务”的编写方式，系统地介绍了茶文化与制茶技艺的相关知识。全书分为4个专题，共11个模块，具体包括茶文化的发展与传播、特色饮茶习俗、茶与文学、茶树概览、茶叶的采摘与分类、茶叶的初制工艺、茶叶的储藏与品质鉴定、茶艺筹备、茶艺技艺、茶艺礼仪、科学饮茶。

本书结构编排合理，内容深入浅出，语言通俗易懂，实践活动形式丰富，集知识性、实践性和趣味性于一体，可作为旅游与酒店管理专业或相关专业的学生学习茶文化与制茶技艺的教材。

图书在版编目（CIP）数据

茶文化与制茶技艺 / 王明刚主编. -- 镇江 : 江苏大学出版社, 2024. 9. -- ISBN 978-7-5684-2287-1

Ⅰ. TS971.21; TS272.4

中国国家版本馆 CIP 数据核字第 20246T9L71 号

茶文化与制茶技艺

Chawenhua Yu Zhicha Jiyi

主　　编 / 王明刚
责任编辑 / 柳　艳
出版发行 / 江苏大学出版社
地　　址 / 江苏省镇江市京口区学府路 301 号（邮编：212013）
电　　话 / 0511-84446464（传真）
网　　址 / http://press.ujs.edu.cn
排　　版 / 北京时代华都印刷有限公司
印　　刷 / 北京时代华都印刷有限公司
开　　本 / 787 mm×1 092 mm　1/16
印　　张 / 12
字　　数 / 277 千字
版　　次 / 2024 年 9 月第 1 版
印　　次 / 2024 年 9 月第 1 次印刷
书　　号 / ISBN 978-7-5684-2287-1
定　　价 / 39.80 元

如有印装质量问题请与本社营销部联系（电话：0511-84440882）

前言

PREFACE

茶，作为中华民族的瑰宝，承载着丰富的历史文化内涵。如今，品茶、赏茶、论茶已成为人们交流情感、修身养性的重要方式。茶文化与制茶技艺是茶的两个重要方面。茶文化涵盖了茶史、茶俗、茶与文学、茶艺、茶礼等多个方面，它深深根植于中华优秀传统文化之中，对世界文化也产生了深远的影响。制茶技艺涉及茶的种植、采摘、制作、冲泡等多个环节，且每一个环节都有着深厚的学问。

本书以茶文化与制茶技艺为核心内容，从茶的起源开始介绍，用通俗易懂的语言阐述了相关知识点。在编写过程中，本书注重理论与实践的结合，在编写理念、知识框架、体例形式等方面都进行了创新。

具体来说，本书具有以下特色。

1．铸魂育人，强化价值引领

党的二十大报告指出："育人的根本在于立德。"本书积极贯彻党的二十大精神，以培养学生正确的世界观、人生观和价值观为己任，在正文内容和各类拓展材料中融入了丰富的德育元素。全书将茶文化作为一个重要的载体，让学生通过对制茶、茶艺的学习与实践，领略中华优秀传统文化的魅力，增强文化自信和提升审美情趣。

2．紧贴实际，突出实践导向

本书切实践行"以学生为主体，以教师为主导，以能力为根本"的教育理念，紧密围绕当前教育实际，将茶文化与制茶技艺的理论知识与实践操作深度融合，旨在促进学生对所学知识的有效转化与应用。

在内容编排上，本书十分注重互动性与参与性，采用"任务驱动"的方式，旨在激发学生的学习积极性，引导他们主动探索茶文化的深厚底蕴与独特魅力。此外，本书设计了丰富多样的实践活动，鼓励学生结合自身实践经验进行反思和总结，从而真正实现学以致用，让茶文化成为自身精神成长与品德锤炼的重要滋养。

3．巧设板块，培养综合素质

本书在每个模块的起始部分均设有"学习目标"和"模块导入"，在每个模块的末尾均设有"模块实训"和"模块评价"。这些板块相互衔接，形成了一个全方位、多角度的综合素质培养体系。

同时，本书在每个任务中穿插了"茗香漫谈"和"任务测评"。在"茗香漫谈"部分，本书选用了丰富的阅读材料，能够帮助学生拓宽视野、活跃思维，从而更好地理解正文知识。在“任务测评”部分，本书设置了紧扣主题的课后习题，旨在帮助学生复习与巩固在每个任务中所学的理论知识，为后续的学习打下坚实的基础。

4. 平台支撑，打造数字资源

本书配备了丰富的数字资源。读者可以借助手机或其他电子设备扫描书中的二维码，观看微课视频，以获得直观的学习体验。此外，本书还配有优质课件、习题答案等配套资源，读者可以登录文旌综合教育平台“文旌课堂”查看和下载。读者在学习过程中有任何疑问，都可登录该平台寻求帮助。

此外，本书还提供了在线题库，支持“教学作业，一键发布”，教师只需要通过微信或“文旌课堂”App扫描扉页二维码，即可迅速选题、一键发布、智能批改，并查看学生的作业分析报告，提高教学效率、提升教学体验。学生可在线完成作业，巩固所学知识，提高学习效率。

本书由丁立孝担任主审，王明刚担任主编，张杰、王仁贵、夏文军、刘洪美担任副主编。本书在编写过程中，参考了大量资料并引用了部分文章和图片。这些引用的资料大部分已获授权，但由于部分资料来自网络，我们暂时无法联系到原作者。对此，我们深表歉意，并欢迎原作者随时与我们联系，我们将按规定支付稿酬。由于编者水平有限，书中难免存在疏漏之处，敬请广大读者批评指正。

本书配套资源下载网址和联系方式

网址：https://www.wenjingketang.com

电话：400-117-9835

邮箱：book@wenjingketang.com

目录

CONTENTS

专题一 茶源追溯与文化演进

专题二 茶树识鉴与茶叶探秘

专题三 茶艺演绎与礼仪传承

专题四 科学饮茶与健康生活

专题一

茶源追溯与文化演进

模块一 茶文化的发展与传播

我国是茶的故乡，是茶文化的发祥地。茶文化博大精深，其内容涵盖丰富的茶叶品种、精湛的制茶技艺、优雅的茶艺表演、深邃的茶道哲学及多彩的民间茶俗等，彰显了中华民族的生活哲学和审美情趣。历经千年的历史沉淀，我国茶文化独树一帜，成为中国文化的瑰宝。

随着历史的发展，茶文化从中国传播到世界各地，成为世界文化的重要组成部分。茶文化以其独特的魅力，赢得了世界各地人们的认可和喜爱。

学习目标

知识目标：

- 了解茶的起源，理解茶文化的概念。
- 熟悉我国不同历史时期的茶文化。
- 明确茶文化的传播路线。

能力目标：

- 能够准确阐述中国不同历史时期的饮茶习俗。
- 能够简要阐述中国茶文化对世界各国的影响。

素质目标：

- 感受中国茶文化的魅力，增强民族自豪感和文化自信。
- 用实际行动传承和传播中国茶文化。

模块导入

且将新火试新茶，传播中国茶文化

“牡丹花笑金钿动，传奏吴兴紫笋来”是唐代湖州刺史张文规对紫笋茶进贡景象的生动描述。紫笋茶又名“顾渚紫笋”，在唐代曾被列为贡茶，浙江省湖州市长兴县是这种茶的主要产区。近年来，长兴县侨界创办了长兴茶文化交流中心，开展了一系列传承紫笋茶制作技艺、推广茶文化的活动，吸引了许多外国茶客。

茶香吸引外国客商

2021 年，为促进紫笋茶产业的繁荣、带动村集体经济的发展，浙江省湖州市长兴县引入长兴茶文化交流中心项目，建成了集茶产品研发与展销、手工茶制作体验、茶艺技能培训等功能于一体的多业态平台。

2024 年 4 月，紫笋茶到了采摘的季节。意大利茶商嘉木专程赶来长兴茶文化交流中心，他决定订购 7 款紫笋茶产品，将其带回欧洲销售。5 年前，嘉木第一次品尝到紫笋茶后，便对其醇厚的茶香念念不忘。5 年来，他还带其他外国茶商到过长兴，目的就是品味紫笋茶香。

茶产业带旺美丽乡村

2022 年，“中国传统制茶技艺及其相关习俗”被列入联合国教科文组织人类非物质文化遗产代表作名录，这为紫笋茶带来了新的发展机遇。

面对新的发展机遇，长兴茶文化交流中心开启了公益助农直播间，一边直播带货，一边教茶农制茶和售茶，以帮助乡村农副产品打开销路。与此同时，长兴茶文化交流中心还围绕紫笋茶开展了公益专题讲座、茶艺培训等活动，以培养专业的审评人才和茶艺人才。参与活动的学员不仅有本地茶农，还有境外的爱茶人士。

几年前的一个春天，德国茶商本家明与来自欧洲的 16 名合作伙伴一起在长兴县体验了一次“茶山行”（一种深入茶园体验采茶与制茶，并了解茶文化的活动），游览了《茶经》所描绘的乡村长兴，重点了解了紫笋茶的悠久历史与制作技艺。

让海外朋友感受茶韵

通过美国华侨华人的牵线搭桥，更多外国茶客出现在了长兴茶文化交流中心的直播间。2023 年 12 月，来自 6 所美国学校的 80 多名师生一起参加了首场视频连线。在连线活动中，师生们在线观看了长兴茶文化视频，并通过镜头欣赏了备茶、炙茶、碾茶、磨茶、罗茶（即筛茶）、品茶等宋代点茶艺术。

中国茶文化的国际传播，不仅促进了全球茶叶市场的繁荣，还促进了不同文化的交流与融合，提升了中国茶文化的国际影响力。这将激励越来越多的青年传承和弘扬中国茶文化。

问题与思考：

什么是茶文化？新时代青年学生可以通过怎样的方式传承和弘扬中国茶文化？

任务一 探究茶的起源与茶文化的发展

一、茶的起源

茶是用茶树的鲜叶制作而成的一种饮品，自古以来就深受人们的喜爱。茶的起源可以追溯到数千年前。唐代茶学家陆羽所著的《茶经》记载：“茶之为饮，发乎神农氏，闻于鲁周公。”①《神农本草经》记载：“神农尝百草，日遇七十二毒，得荼②而解之。”③《桐君录》记载：“西阳、武昌、晋陵皆出好茗。”④这里的“晋陵”即今江苏常州，其茶产于太湖宜兴，历史悠久。

茗香漫谈

关于茶的传说

相传，中国上古时期姜姓部落的首领神农，有一次在采集奇花异草时尝了一种草药，顿时感到口干、舌麻、头晕目眩。于是，神农放下草药袋，背靠着一棵大树休息。这时，一阵风吹过，带来一股清新的香气。神农抬头一看，只见背后大树上的几片叶子缓缓落下，绿油油的。神农好奇，便信手拾起一片放入口中慢慢咀嚼，发现叶味苦涩但清香回甘，索性嚼而食之。随后，神农舌底生津，精神振奋，且头晕目眩之症减轻，口干舌麻之症渐消。他觉得很神奇，又拾起几片叶子细细观察，发现其叶形、叶脉、叶缘均与一般树叶不同，便采了一些芽叶、花果带回去。后来，神农将这种树叶称为“茶”。

根据史料的记载，茶最初起源于中国的西南地区，兴于唐，盛于宋，明清时期遍及中华。数千年来，人们种茶、制茶、饮茶，以茶为媒，以茶会友，将茶融入了生活的方方面面，使之成为传承中华文明的重要媒介。

---

①④ 陆羽：《茶经》，江苏凤凰文艺出版社，2016。

② 荼：“茶”的古体字。

③ 佚名：《神农本草经》，中国医药科技出版社，2018。

二、茶文化的概念

茶文化是指人们在种茶、制茶及饮茶的历史实践过程中所创造的关于茶的物质财富和精神财富的总和。其内容十分丰富，包括有关茶的历史、著作、礼仪、习俗、冲泡技艺和品饮技艺，以及制茶、品茶等活动所孕育的价值观念、审美情趣等。

我国古老而悠久的文明发展史为茶文化的形成和发展奠定了坚实的基础。在漫长的历史进程中，我国的茶文化不断汲取中华优秀传统文化的精髓，并凭借其独特的审美和鲜明的个性，成为中华民族灿烂文明的重要组成部分。

三、茶文化的起源与发展

（一）先秦至魏晋南北朝的茶文化

古巴蜀是中国茶文化的摇篮。在秦灭巴蜀之前，饮茶之风主要局限于四川一隅。在秦取蜀之后，各地之间的交流日益频繁，饮茶之风和茶业扩展到适合栽培茶树的江南地区。魏晋时期，种茶区域已明显扩大，饮茶人群日益增多，饮茶之风慢慢在全国范围内传开，茶文化的内容也随之不断充实、丰富。这一时期是中国茶文化的萌芽时期。

1. 饮茶之风流行

秦汉以前，茶通常被当作药品或祭品。西汉中期，茶成为一种饮品。魏晋南北朝时期，茶的社会功用逐渐增多，人际交往、祭祀祖先等活动都离不开茶，客来敬茶逐渐成为一种习俗。这一时期，饮茶的习俗盛行于中国大多数地区，且已由贵族阶层逐渐普及至平民百姓。

2. 茶与节俭“结缘”

魏晋南北朝时期，茶文化与道家、儒家的理念发生了交融，茶开始成为精神文化的象征。当时，官吏和士大夫崇尚奢靡，夸耀豪华。面对这种社会风气，一些有识之士倡导养廉理念，并将茶与节俭的美德紧密联系起来。

（二）唐代的茶文化

唐代是中国茶文化的繁荣时期。自中唐时期起，在我国大江南北、长城内外，上至王公贵族，下至平民百姓，饮茶已经蔚然成风。

1. 茶产业兴盛

唐代国力强盛，经济发达，文化繁荣，茶产业兴盛，茶文化得到了空前的发展。这一时期，茶叶产区分布广泛，长江中下游成为中国茶叶生产中心。根据陆羽《茶经》所述，唐代的茶叶产区已遍及今四川、湖北、湖南、安徽、江西、江苏、浙江、福建、广西、广东、贵州、陕西、河南、重庆等14个省区。在这种形势下，茶之名品不断涌现，茶文化的内容日渐丰富。与此同时，贡茶制度出现，它促使各地民众提高了茶叶的加工、储存和保管技术。

2. 茶书著作问世

随着饮茶风尚的盛行，茶学著作相继问世，如陆羽的《茶经》、张又新的《煎茶水记》、温庭筠的《采茶录》等。其中，陆羽编著的《茶经》是中国乃至世界现存最早、最完整、最全面的一部茶学专著，被誉为“茶叶百科全书”。这部著作具有划时代的意义，是唐代茶文化形成的标志。

陆羽与《茶经》

与此同时，许多与茶相关的诗词作品及绘画作品也应运而生，如卢仝的诗作《走笔谢孟谏议寄新茶》、周昉的画作《调琴啜茗图》（见图1-1）等。

图1-1 《调琴啜茗图》

3. 首创茶政茶法

由于茶文化在全国范围内的发展形成了相当的规模，茶政茶法应运而生。唐朝开始针对茶叶的种植、加工、贮运、销售等环节制定一系列政策和法规，并建立了专门的机构对制茶活动、售茶活动进行管理。例如，唐朝创设了我国的边茶贸易制度——茶马互市制度。

茗香漫谈

茶马互市

茶马互市主要是指我国北部与西部地区以畜牧业为生的少数民族，用马匹等牲畜及畜产品与中原地区商人换取茶叶、布匹、铁器等生产、生活必需品的大规模集市贸易活动。该贸易形式始于唐代，盛行于两宋、明、清时期，持续了千余年。

（三）宋代的茶文化

在宋代，从王公贵族、文人墨客，到僧道人士、市井百姓，皆以饮茶为风尚。饮茶之风的盛行，使得茶文化在宋代时进入兴盛时期。

1. 茶仪礼俗兴盛

宋代时，王公贵族嗜茶成风，经常举行茶宴。宋太祖赵匡胤在宫廷中设立了茶事机关。宫廷用茶已分等级，茶仪礼制形成。赐茶成为宋代皇帝赏赐大臣、眷怀亲族的一种方式；同时，茶叶还被作为回礼赐给外国使节。在普通百姓的生活中，有人迁居时，邻里会献上茶礼；接待宾客时，主人会敬奉元宝茶；等等。总之，茶已成为民众日常生活不可或缺的一部分。

2. 贡茶工艺精良

宋代的制茶工艺有了新突破，以贡茶为代表的茶饼制作工艺精良。根据宋代赵汝砺编著的茶书《北苑别录》，贡茶的制作需要经过采茶、拣茶、蒸茶、榨茶（即榨出茶叶的水分）、研茶（即研磨茶叶）、造茶（即将茶叶用水烫匀后拌入模具，使其成型）、过黄（即用烈火炙烤、沸水浇淋茶饼后，烘焙茶饼，使其干燥并固定形状）等工序，制作工艺十分精细。

北宋太宗初年，朝廷派使臣在福建建安北苑（在今福建省建瓯市凤凰山一带）督造龙团凤饼。龙团凤饼是一种用模具制出龙凤图案的专用贡茶，名冠天下。图 1-2 为现代人仿制的龙团凤饼。

（a）

（b）

图 1-2　龙团凤饼

龙团凤饼拓宽了人们对茶的审美视野，即由对茶色、茶香、茶味的品尝，扩展到对茶形的欣赏，为后代茶叶形制艺术的发展奠定了审美基础。

3. 点茶技艺盛行

宋代出现了经典的茶艺——点茶法。宋代点茶的步骤主要包括炙茶、碾茶、罗茶、候汤、熁（xié）盏（即烤热茶盏，以待茶汤）、七汤点茶（即往茶盏里注入热水 7 次，并用茶筅快速击打茶汤，图 1-3 即茶筅）。通过手法和茶具的配合，人们能调制出乳雾（即乳白色的细沫）汹涌、色香味形皆美的茶汤，这是点茶技艺的一大特色。在点茶的过程中，运用特定的手法能让茶汤口感细腻、茶乳层次分明。

图 1-3　茶筅

宋代点茶

为了增添饮茶乐趣，人们还会撷取茶末，点画图案于茶汤表面。这种活动被称为茶百戏（见图 1-4）。

图 1-4　茶百戏

点茶颇见功力，因此，人们常就点茶技艺开展竞赛，这种活动被称为斗茶。斗茶活动的盛行，大幅提升了人们调制茶汤的技艺水平，并丰富了人们的审美情趣。

4. 茶具精美多样

为突出点茶效果，人们精心制作了品类繁多、工艺精湛、造型美观的茶具，这不仅促进了茶具的多样化发展，也推动了瓷器业的发展。北宋蔡襄撰写了论茶专著《茶录》，其下篇主要论述茶具，包括茶焙、茶笼、砧椎、茶钤（qián）、茶碾、茶罗、茶盏、茶匙、汤瓶 9 个部分。图 1-5 为 9 种茶具。

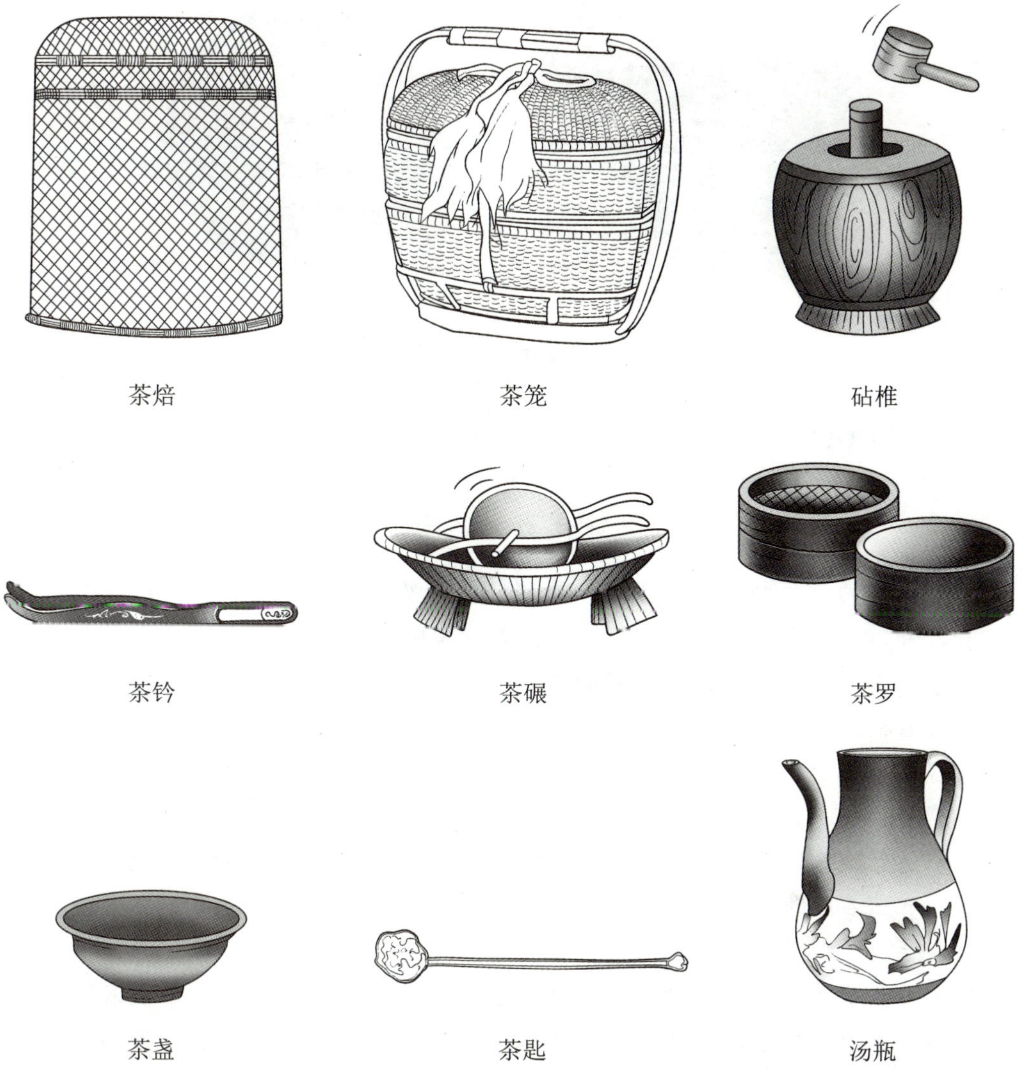

茶焙 茶笼 砧椎

茶钤 茶碾 茶罗

茶盏 茶匙 汤瓶

图 1-5 9 种茶具

其中，茶焙由竹子编制而成，是用于烘焙茶叶的器具；茶笼是储存茶饼的器具；砧椎是用于击碎茶饼的器具；茶钤由铜或铁制成，是用于夹着茶饼在火上炙烤的器具；茶碾是将茶碾成细粉的器具；茶罗是用于筛茶的器具；茶盏是用于盛放茶汤的器具；茶匙是用于取茶和点茶的器具；汤瓶是用于盛水和烧水的器具。

随着斗茶活动蔚然成风，福建的黑釉盏声名鹊起。蔡襄所著的《茶录》记载：“茶色白，宜黑盏，建安所造者绀黑，纹如兔毫，其坯微厚，熁之久热难冷，最为要用。”这描述的就是建安所造的黑釉盏。图 1-6 为宋代建窑的黑釉盏。

（a）

（b）

图 1-6　宋代建窑的黑釉盏

茗香漫谈

宋代五大名窑

五大名窑的说法初见于明代的古籍《宣德鼎彝谱》。该书记载："内库所藏柴、汝、官、哥、钧、定名窑器皿，款式典雅者，写图进呈。"此处的"柴"是指柴窑。由于柴窑至今未发现窑址，又无实物流传，人们通常将汝、官、哥、定、钧并称为宋代五大名窑。

汝窑窑址位于今河南省汝州市，始烧于唐代，盛于北宋，位居五大名窑之首，在中国陶瓷史上有"汝窑为魁"的美誉。汝窑所烧制的瓷器以青瓷为主，工艺十分精湛，整个瓷器胎体较薄，釉层较厚，造型庄重大方。汝窑瓷器的独特之处在于釉面莹润如玉，有玉石般的质感。汝窑传世的作品很少，据传不足百件，因其工艺精湛，所以非常珍贵。

官窑是由官府直接营建的，分为北宋官窑和南宋官窑。北宋官窑在宋徽宗时期才开始烧制，具体的窑址尚未发现。南宋时，官府在临安（今杭州）另设新窑。官窑的瓷器多为素面，既无华美的雕饰，也无绚丽的图案，仅以简约的凹凸棱线和弦纹作为装饰。官窑的胎土含铁量极高，呈深褐色，所制瓷器胎色铁黑，釉面沉重幽亮，釉厚如堆脂，温润如玉，造型庄重大方，古朴典雅。官窑瓷器往往在口部边缘的最薄处隐约露出灰黑泛紫的胎色，而足部无釉处则呈现出铁红色，即所谓的"紫口铁足"。

哥窑的窑址及最早开始烧制的时间并不明确。哥窑瓷器与官窑瓷器类似，大多素面无纹，也有"紫口铁足"。哥窑瓷器的胎色多为紫黑色或铁黑色，釉色有油灰色、米色、粉青色等，造型多样，有瓶、盘、碗、尊等。哥窑瓷器的釉质纯粹浓厚，不甚莹澈，釉内多有气泡，如珠隐现，这种纹理被称为"聚沫攒珠"。同时，哥窑瓷器具有开片纹，大开片纹路呈铁黑色，被称为"铁线"；小开片纹路呈金黄色，被称为"金丝"。"金丝铁线"的纹路使得平静的釉面产生了韵律美。

定窑窑址位于今河北曲阳（在宋代时称定州），是最早为北宋宫廷烧造御用瓷器的窑场，也是宋代五大名窑中唯一一个烧造白瓷的窑场。定窑主要烧制白瓷，兼烧黑釉瓷、酱釉瓷和绿釉瓷。定窑瓷器色泽温和，胎质细腻，釉色润泽如玉，造型简约，线条流畅，具有很高的艺术价值。

钧窑窑址位于今河南省禹州市（在宋代时称钧州）。钧窑瓷器胎质细腻坚硬，较为沉重，其釉为乳浊釉，可以遮盖胎色。钧窑瓷器的釉色变化多端，具有“青中泛红、红中泛紫”的特点。瓷器成品除了青色以外，还有玫瑰紫、海棠红、胭脂红、月色白等多种色彩，有“入窑一色，出窑万彩”的美誉。钧窑瓷器的典型特征是釉面纹路犹如蚯蚓在湿地上爬过的痕迹，即“蚯蚓走泥纹”。

5. 茶事艺文兴盛

宋代茶叶生产空前发展，茗饮之风更胜往昔。喜欢品茗论茶的文人士大夫常常泼墨挥毫，用诗词书画记录各种茶事活动，以抒发他们对茶的情怀。许多文人（如范仲淹、欧阳修、蔡襄、苏轼等）均有佳作传世，这些诗词书画使茶文化更具魅力。

（四）元代的茶文化

在元代，茶文化虽然不如宋代繁盛，却延续了唐宋时期的传统，并有所创新。

1. 沿袭贡茶制度

元代沿袭了宋代的贡茶制度，保留了一些御茶园和官焙茶园。与宋代贡茶相比，元代贡茶的制作工艺有所简化，研制的茶末也不如宋代的细腻。

2. 清饮调饮并进

元代的饮茶方式分为清饮和调饮两大类。清饮即饮用不加佐料的清茶。调饮即饮用加入了酥油的茶。这种以酥油入茶的调饮形式对各民族的饮茶方式产生了深远影响。

3. 青花茶具闻名

元代的茶具以瓷器茶具为主，高足杯是元代最流行的瓷器茶具。在元代，景德镇创制的青花茶具因器形丰富、造型美轮美奂而闻名天下。

（五）明代的茶文化

明代是古代茶文化创新变革的重要时期。这个时期的茶叶栽种、加工技艺、品饮方式、茶器茶具、名茶名品及茶道理念等，都对后世产生了深远的影响。此外，明代也是茶书著述较为丰富的时期，延续了唐代以来为茶著书的优良传统。

1. 改革贡茶制度

宋代进奉皇室的龙团凤饼虽然精美，但制法烦琐，劳民伤财。所以到了元代，这种团茶日渐衰微，散茶越来越受人们的青睐。洪武二十四年（1391），明太祖朱元璋正式下诏罢造龙团，改贡芽茶（散茶）。从此，散茶大行其道。废团改散，不仅推动了散茶生产技术的发展，而且促进了饮茶方式和茶事器具的变革。

2. 饮茶方式简化

自明初罢造龙团凤饼以后，从汉唐开始、持续了 1 500 年的末茶点饮法宣告终结，散茶撮泡法的时代到来。明代陈师所著的《茶考》记载："杭俗烹茶，用细茗置茶瓯，以沸汤点之，名为撮泡。"意思是说，直接将散茶放入茶具，再用沸水沏开，即为撮泡法。此法简便易行，深受大众欢迎，一直沿用至今。

3. 瓷器茶具兴盛

由于散茶不再需要碾末冲点，明代茶具的制作与使用发生了巨大变革，茶壶和盖碗茶杯取代了传统茶具。

在撮泡散茶的过程中，人们开始品味茶的本色。绿色的茶汤与莹白如玉的茶盏相映衬，能够给人清新雅致、赏心悦目之感。因此，黑釉盏逐渐淡出视野，白色茶盏开始备受推崇，人们对茶盏喜好的转变促进了白瓷制造业的快速发展。

明代时，景德镇的白瓷，以及在此基础上发展起来的青花瓷、五彩瓷、斗彩瓷和颜色釉瓷等茶具，深受广大民众的喜爱，成为他们品茶时的首选茶具。明代中后期，紫砂茶具开始出现，并逐渐走向繁荣。这种茶具流传至今，仍广受欢迎。

（六）清朝时期的茶文化

清代时，经济得到了进一步发展，饮茶盛况空前，饮茶之风深入到社会生活的每个角落。在茶业方面，茶叶产区面积进一步扩大，茶树栽培技术和茶叶加工技术更为完善，茶叶产量提高，名茶纷纷涌现，品饮方式更趋多样化。城乡茶馆、茶庄林立。无论是在宫廷，还是在市井，茶都大受欢迎。与此同时，中国的茶叶开始大规模出口到欧洲。

明清时期的茶文化

清代饮茶方式与明代基本相同，茶具造型无显著变化。此外，清代茶文学的创作持续繁荣，许多传奇小说均融入了茶事篇章。在经典文学作品中，曹雪芹的《红楼梦》对茶事活动的细腻描写堪称典范。

（七）近现代的茶文化

从 19 世纪晚期起，我国茶叶生产每况愈下。以吴觉农为代表的茶界有识之士实施了一系列的改良措施和改革，确保了中国茶业虽历经波折却不致凋零。他们所保留的茶业火种和绘制的茶业蓝图，对后世产生了深远影响。中华人民共和国成立初期，百业待兴，茶业处于恢复和发展时期。改革开放后，茶叶经济迅速发展，茶文化再次焕发出生机和活力。

任务测评

以下题目为不定项选择题，请仔细审题，并作答。

1．世界上最早利用和种植茶树的国家是（　　）。

A．中国　　B．日本　　C．印度　　D．泰国

2．茶马互市制度是（　　）官府创设的我国边茶贸易制度。

A．唐朝　　B．宋朝　　C．明朝　　D．清朝

3．（　　）就是把茶末投入茶盏中，用茶筅击打，形成乳花后饮用。

A．煎茶法　　B．宫廷茶道　　C．点茶法　　D．煮茶法

4．明清时期，（　　）的饮茶方式成为主流。

A．煮茶法　　B．煎茶法　　C．点茶法　　D．泡茶法

任务二　了解茶文化的传播

我国是茶树的原产地，也是茶文化的发祥地，茶及茶文化经历了由原产地逐步向全国各地，乃至全世界传播的历史过程。

一、东传朝鲜、日本

（一）茶文化在朝鲜的传播

朝鲜与我国的辽宁省和吉林省接壤，在接受中国茶文化过程中有着天然的地理优势。据相关资料记载，我国的茶及茶文化在唐代时开始向朝鲜传播。当时，朝鲜的大批僧人入唐学佛，并养成了饮茶的习惯。他们回国后将饮茶习惯带到了朝鲜，此举促进了我国茶文化的传播。

到了宋代，点茶法、茶具、团饼茶等都传到了朝鲜，同时，朝鲜还形成了较为完备的茶礼制度。这一时期是朝鲜茶文化最为兴盛的时期。到了明代，散茶撮泡法传至朝鲜。此外，朝鲜茶道精神的形成受我国茶文化的影响颇深。

（二）茶文化在日本的传播

我国的茶及茶文化向日本传播的历史可追溯至唐代。唐永贞元年（805），日本僧人最澄学成归国时将茶籽带到日本。次年，日本僧人空海归国时将茶籽、饮茶方法和制茶技术带到日本；同时，他还经常创作以茶为主题的诗作，此举推动了我国茶文化在日本

的传播。

到了宋代，日本僧人荣西两度来我国参禅，于 1191 年归国时带回茶籽，并将点茶法、茶具、瓶罐贮藏法等带到日本。回到日本后，荣西还根据陆羽的《茶经》编纂了日本的第一部茶书《吃茶养生记》，并根据宋代寺院的饮茶方法确定了寺院饮茶仪式，有力地推动了日本饮茶之风的普及。

1223 年，日本的加藤四郎到我国浙江天目山等地学习陶艺。他学成归国后便开始烧制黑釉盏，最终创制出了日本著名茶具“濑户天目”，他因此被尊为日本的陶瓷之祖。

二、西传欧美各国

我国的茶及茶文化传入欧美各国的时间要晚于传入朝鲜、日本等国的时间。大约从 16 世纪开始，我国的茶及茶文化才向欧美各国传播。

（一）茶文化在葡萄牙的传播

1556 年，葡萄牙传教士克鲁斯来华传教时，在广东品尝到了中国茶。归国时，他将中国饮茶的消息带回，并完成葡萄牙第一本茶学著作《中国茶饮录》。另外，克鲁斯在其另一著作《广州记述》中提到：“中国人彬彬有礼，在欢迎宾客时，总是递给客人一个干净的盘子，上面放着一只瓷器杯子……喝着他们称为‘Cha’的热水，此物颜色呈红色，有医疗价值。”

如今，葡萄牙人仍把茶称作“Cha”。在向欧洲国家介绍我国的饮茶风俗方面，葡萄牙人起到了先导作用。

（二）茶文化在荷兰的传播

荷兰是欧洲最早开始饮茶的国家。尽管葡萄牙人最早接触、品饮到了我国的茶，但荷兰人首先将茶作为商品运销欧洲。1607 年，荷兰将茶叶运往欧洲。自此，茶叶成为荷兰从我国进口的重要商品。随后，我国的茶叶被源源不断地运往欧洲各国。

1649 年，荷兰莱顿大学教授科内利乌斯·博特科伊在其论文《茶、咖啡和巧克力》中阐释了饮茶的种种好处，推动了饮茶风气的盛行。从 17 世纪 70 年代开始，荷兰的商店开始出售茶叶，饮茶已成风尚。随着饮茶风尚的兴起，我国精美的茶杯、茶壶等茶具受到荷兰人的追捧。

（三）茶文化在法国的传播

1635 年，荷兰人将茶叶带入法国。在皇室的倡导下，饮茶之风逐渐在法国上层社会流行。17 世纪中期，法国的传教士将我国茶叶的栽培技术和加工技术带回法国。法国大革命以后，饮茶之风逐渐在法国民间流行。

（四）茶文化在英国的传播

1657 年，英国商人托马斯·加拉威首次在他位于伦敦的咖啡馆里兼售茶叶。1662 年，葡萄牙公主凯瑟琳嫁给英国国王查理二世时，将我国的茶叶作为嫁妆带到英国，饮茶之风开始在英国上层社会流行。

1669 年，英国政府禁止荷兰向本国输入茶叶。同时，英国政府开始大量收购中国红茶。红茶开始成为欧洲人所用茶叶的主要品种。随着茶叶的大量输入，茶叶的价格逐渐下降，茶叶不再只流行于贵族王室阶层，而开始向平民开放。

18 世纪中期，饮茶之风开始盛行于英国的各个阶层。受我国茶文化的影响，英国孕育出了独具特色的茶文化。在维多利亚时代（1837—1901），茶会成为英国人社交活动的重要形式。

（五）茶文化在美国的传播

17 世纪中叶，荷兰人通过海路将茶叶运送到了新阿姆斯特丹（今美国纽约），带动了北美的茶叶消费。1784 年，美国帆船“中国皇后号”抵达广州黄埔港，开始了美国与中国之间正式的茶叶贸易。

1784 年到 1794 年，我国平均每年向美国输出约 500 吨茶叶。同时，美国还发布法案减征关税，并禁止外国商船运输茶叶进入美国，此举为美国商人经营中国茶叶创造了良好的条件。

三、南传南亚诸国

南亚诸国包括巴基斯坦、印度、尼泊尔、不丹和斯里兰卡等。南亚地区气候温暖湿润，土地肥沃，非常适合茶树生长。经过 200 多年的发展，印度和斯里兰卡两国的茶叶生产量及出口量迅速提高。

（一）茶文化在印度的传播

1780 年，印度通过英属东印度公司引进我国的茶籽试种，这是印度最早栽植茶树的记录。1834 年，印度成立了茶叶委员会，派遣人员到我国学习种茶方法和制茶技术，并购买茶种。19 世纪 50 年代以后，印度的茶园面积不断扩大，茶叶生产逐渐走向机械化。如今，印度已成为世界上第二大产茶国。

在饮茶方式上，印度人喜欢将红茶，以及糖或奶倒入锅中或壶中，加水煮开后滤掉茶叶，再将茶汤倒入杯中饮用。

茗香漫谈

颇具特色的印度马萨拉茶

马萨拉茶是印度的特色茶，极受印度人的喜爱。马萨拉茶的制作方法是在红茶中加入姜、小豆蔻等，然后用热水冲泡。此茶的品饮方式颇为特别。人们在调制好茶汤后，并非将茶汤斟入茶碗或茶杯里，而是斟入盘子里；饮茶时，并非用嘴去喝，而是伸出舌头舔饮，这种饮茶方式被当地人称为“舔茶”。

（二）茶文化在斯里兰卡的传播

1824 年，英国人将我国的茶叶带到了锡兰（今斯里兰卡）。1854 年，锡兰成立了茶叶种植者协会，促进了茶叶生产的发展。1867 年，锡兰开辟了茶园，开始培育茶树；随后，改进了茶叶采摘方法与制茶方法。1887 年以后，锡兰的茶叶生产完成了机械化进程，茶叶出口量迅速增长。如今，斯里兰卡已发展成世界重要产茶区之一，跻身三大茶叶大国之列。

四、北传俄罗斯

相传，明朝时期一位蒙古可汗将茶叶作为礼物赠给沙皇。由此，茶传入俄国。1727 年，中俄签订互市条约，开展陆路通商贸易，茶叶成为两国贸易的主要商品之一。随着我国茶叶的不断输入，到 19 世纪，饮茶之风已经盛行于俄国的各个阶层。

任务测评

以下题目为不定项选择题，请仔细审题，并作答。

1．我国茶文化在朝鲜的传播始于中国（　　）时期。

A．唐代　　B．宋代　　C．明代　　D．清代

2．关于我国茶文化在日本的传播，以下说法正确的有（　　）。

A．日本的茶文化始于宋代，由最澄和空海两位僧人带回茶籽

B．宋代的点茶法、茶具等被荣西带回日本，推动了日本茶文化的发展

C．日本僧人最澄编写的《吃茶养生记》是日本的第一部茶书

D．日本的“濑户天目”茶具是由加藤四郎创制的

3．关于我国茶文化在欧美的传播，以下说法正确的有（　　）。

A．葡萄牙人克鲁斯是最早将“Cha”这一发音带到欧洲的人

B．法国是欧洲最早开始饮茶的国家

C．荷兰的茶文化起源于皇室
D．英国的下午茶文化形成于维多利亚时代

4．（　　）是最早将茶作为商品运销欧洲的国家。
A．葡萄牙　　B．荷兰
C．法国　　D．英国

5．关于我国茶文化在南亚和俄罗斯的传播，以下说法正确的有（　　）。
A．印度在 1780 年引进中国的茶籽试种
B．荷兰人将我国的茶叶带到了锡兰
C．19 世纪，饮茶之风已经盛行于俄国的各个阶层
D．印度人喜欢将红茶和糖倒入锅中煮茶汤饮用

模块实训

茶韵历史探索

【实训目的】

深化对茶文化相关知识的理解，加深对茶文化历史与发展的认识，提升文化素养。

【实训时间】

半天左右。

【实训场所】

茶文化博物馆或茶文化数字博物馆。

【实训步骤】

（1）前期准备：挑选一个展品多样的茶文化博物馆，或者搜索资源丰富的茶文化数字博物馆。

（2）实训实施：自由选择线下实地参观博物馆，或是线上探秘茶文化数字博物馆。

✧ 线下参观：实地探访博物馆的各个展区，了解茶的历史、茶具的演变、茶叶的种类等；观赏珍贵的茶文化展品，如古代茶具、茶叶标本等；参与博物馆组织的茶艺表演或互动体验活动。

✧ 线上探秘：导航线上茶文化数字博物馆，参观不同的虚拟展区；通过互动功能了解展品背后的故事和文化意义；在线上讨论区参与讨论，分享对茶文化的认识和感受。

（3）交流分享：各小组整理实训过程中的观察和收获，准备分享材料。随后，组织交流会，每组选出代表进行分享，交流对茶文化的认识和感悟。

模块评价

本模块的学习已告一段落，请同学们结合理论知识的学习情况，课前、课中和课后的任务完成情况，以及素质目标的达成情况 3 个方面，按照表 1-1 的评价标准对本模块的学习效果进行自评和互评，并请教师进行总体评价。

表 1-1　综合评价表

<table>
<tr><th rowspan="2">评价项目</th><th rowspan="2">评价内容</th><th rowspan="2">分值</th><th colspan="3">得分</th></tr>
<tr><th>自评</th><th>互评</th><th>师评</th></tr>
<tr><td rowspan="3">知识评价</td><td>能够阐述茶文化的概念</td><td>10</td><td></td><td></td><td></td></tr>
<tr><td>能够概括茶文化的历史发展过程</td><td>15</td><td></td><td></td><td></td></tr>
<tr><td>能够说出茶文化的传播路线和范围</td><td>15</td><td></td><td></td><td></td></tr>
<tr><td rowspan="2">技能评价</td><td>能够准确阐述中国不同历史时期的饮茶习俗</td><td>15</td><td></td><td></td><td></td></tr>
<tr><td>能够简要阐述中国茶文化对世界各国的影响</td><td>15</td><td></td><td></td><td></td></tr>
<tr><td rowspan="2">素质评价</td><td>通过学习与实践，感受到了中国茶文化的魅力，增强了民族自豪感和文化自信</td><td>15</td><td></td><td></td><td></td></tr>
<tr><td>愿意从自身做起，自觉传承中国茶文化，并通过各种方式传播中国茶文化</td><td>15</td><td></td><td></td><td></td></tr>
<tr><td colspan="2">合计</td><td>100</td><td></td><td></td><td></td></tr>
<tr><td>总分</td><td colspan="5">自评（30%）+互评（30%）+师评（40%）=</td></tr>
</table>

特色饮茶习俗

《汉书》有云："百里不同风，千里不同俗。"这句话生动地描绘了我国丰富多彩的地方文化特色。其中，特色饮茶习俗就是我国众多地方文化中的一朵奇葩。在我国广袤的土地上，不同的地区形成了各具特色的饮茶习俗。这些习俗不仅反映了当地人民的饮食习惯，也体现了当地的历史文化底蕴。

学习目标

知识目标：

- 了解不同地区的饮茶习俗及文化背景。
- 了解少数民族的饮茶习俗。

能力目标：

- 掌握多样化的饮茶习俗，并能对比分析不同饮茶习俗的差异。
- 能将茶俗知识运用到茶事服务中。

素质目标：

- 感受不同地区、不同民族的饮茶文化，增强民族自豪感。
- 能够尊重和理解多元文化的差异，增强跨文化交流的意识和能力。

模块导入

桃花源擂茶的传说

相传，在东汉时期，名将马援奉命率兵追击叛军。当军队行至乌头村（位于今湖南省常德市桃花源一带）时，很多将士都因水土不服而感染风寒病倒了，马援也不例外。无奈之下，马援下令让军队在山崖下驻扎。

有一天，一位白发老妪向马援献上了一种名为“三生汤”的茶饮（即后来的桃花源擂茶）。这种茶饮的制作方法是将茶叶、生姜、芝麻等原料放入擂钵中，用擂棒一圈一圈地擂碎，然后冲入沸水调制。据说，当时患病的将士们饮用了这种茶饮后，短短数日便恢复了健康。因此，“三生汤”具有治病功效的说法开始在民间流传。随着时间的推移，桃花源地区逐渐形成了以擂茶待客的传统习俗，这一习俗一直延续至今。

问题与思考：

桃花源擂茶主要流传于湖南省常德市桃花源一带，你是否听说过它？除了桃花源擂茶，你还知道哪些具有地方特色的饮茶习俗？

任务一 了解地方饮茶习俗

一、北京大碗茶

大碗茶（见图 2-1）因用大碗装茶而得名，主要流行于我国北方地区，尤以北京为盛。大碗茶历史悠久，早在明代就开始出现在北京街头。早年，北京大碗茶多用大壶冲泡，价格亲民，常见于街边摆设简单的茶摊或茶亭中，主要供过往客人或劳动人民饮用。北京大碗茶是北京茶文化的重要组成部分，它贴近生活，以独特的魅力和亲民的特点，深受人们喜爱。如今，北京大碗茶依旧秉承传统，保持着本质特色，成为北京民俗文化的一张名片。

图 2-1　大碗茶

二、广东早茶

早茶是一种汉族社交饮食习俗，多见于我国南方地区，如广东、江苏、浙江等地，其中以广东早茶文化最为著名。广东人喜饮茶，有饮早茶、午茶和晚茶的习惯。其中，以饮早茶的风气最盛。

广东人饮早茶时不仅会品茶，还会吃各种茶点，因此，饮早茶又称为“吃早茶”。吃早茶时，通常是一壶茶搭配两碟点心，这种组合被形象地称为“一盅两件”。

广东的茶楼中茶叶种类繁多，有红茶、绿茶、乌龙茶等；传统的广式茶点也是各式各样，包括叉烧包、烧卖、酥饼、凤爪、水晶虾饺、云吞面等，如图 2-2 所示。在广东，吃早茶不仅是一种用早餐的方式，还是一种常见的社交方式，亲友聚会、洽谈生意、消遣休闲等场合都少不了吃早茶。

图 2-2 广式茶点

三、潮州工夫茶

在潮汕方言中，“工夫”意为“做事讲究、细致用心”。所谓的工夫茶，并非指某一特定茶类或茶叶，而是指一种讲究的泡茶方式。我国近代学者翁辉东在《潮州茶经》中写道：“工夫茶之特别处，不在茶之本质，而在茶具器皿之配备精良，以及闲情逸致之烹制法。”①这表明，潮州工夫茶的“工夫”不仅体现在对泡茶器具的精心挑选上，还体现在冲泡和品饮的过程中。

潮汕工夫茶

工夫茶的泡茶器具主要有红泥炉、玉书煨、孟臣罐和若琛瓯，它们合称为“潮州工夫茶四宝”，如图 2-3 所示。

① 马守仁：《无风荷动》，北京大学出版社，2017。

图 2-3　工夫茶泡茶器具

工夫茶所用茶叶是福建、广东的特产乌龙茶，泡茶之水以山泉为佳，泡茶之壶多为紫砂壶。品工夫茶时也讲究一定的程式：品饮者端起茶杯时要闻其香、观其色，然后慢慢地小口喝。这种饮茶方式的目的不在于解渴，而在于从鉴茶香、品茶味的过程中获得精神上的享受。如果一次性将茶饮尽，则会被戏称为“牛饮”。

茗香漫谈

潮州工夫茶烹制精要

潮州工夫茶的烹制精髓可概括为“高冲低洒，盖沫重眉，关公巡城，韩信点兵”。具体步骤可精简为以下 8 步。

（1）治器：烹茶前的准备，包括起火、烧水及冲烫茶具。

（2）纳茶：精选茶叶，按粗细分层装入茶壶，粗茶在下，细茶在上，茶叶量约七八成满，以利冲泡。

（3）候茶：精心煮水，至“蟹眼水”（初沸微泡）为佳。

（4）冲点：采用“高冲”手法，从较高处向茶壶中注水。开水要沿茶壶边注入，避免直冲壶心，以防将茶叶冲散，影响茶质。

（5）刮沫：迅速用壶盖拂去冲茶时产生的茶沫，随后盖好壶盖。

（6）淋罐：用开水淋洗壶身，目的是去茶沫和增温，使茶香更易散发。

（7）烫杯：筛茶前先行烫杯，目的是消毒和保温，以提升品茶体验。

（8）筛茶：采用独特的“低筛”方式，即将茶壶嘴贴近茶杯，如“关公巡城”般均匀巡回给每个杯子注茶，以示公平。直至茶汤尽出，犹如“韩信点兵”，点滴不遗。

（资料来源：佚名，《潮州工夫茶》，潮州市人民政府门户网站，2020 年 6 月 16 日）

四、成都盖碗茶

盖碗茶是由成都最先创制的一种特色饮茶方式，其所用盖碗分为3个部分，即茶盖、茶碗和茶舟，如图2-4所示。其中，茶舟又叫“茶船子”，即托着茶碗的茶托。

图2-4　盖碗

旧时，成都人饮用盖碗茶很有讲究。饮用盖碗茶时，一手托碗，一手握盖，用茶盖顺碗口由里向外刮几下，以刮去茶汤表面的漂浮物，并使茶叶和水更好地相融；然后以盖半覆，吸吮而饮。

此外，在茶馆中，茶盖还有着特殊的用途。品饮者若把茶盖置于桌面，则表示茶杯已空，茶博士（指卖茶的伙计）即会将水续满；品饮者若临时离开，只需将茶盖扣置于竹椅之上，便不会有人侵占座位。茶博士斟茶也很有技巧，斟茶时，水柱临空而降，泻入茶碗，翻腾有声，须臾之间，戛然而止，茶水恰与碗口平齐，无一滴溢出，堪称一场艺术表演。

盖碗茶这种特有的饮茶方式自成都诞生之后，就逐步向周边地区发展，后遍及我国南方地区。

五、桂林虫屎茶

桂林虫屎茶（见图2-5）又名“龙珠茶”，主要产自广西桂林龙胜一带。虫屎茶虽名曰“虫屎”，但并无异味，它具有清热消暑的功效，颇受当地居民的欢迎。

虫屎茶的制作方法很奇特。在谷雨前后，当地人会采集野生化香树、三叶海棠树、茶树等的枝叶，将它们混杂后放入竹篓或木桶，并洒上淘米水进行发酵。这个过程会吸引化香夜蛾等昆虫前来取食和产卵。这些昆虫吃完植物叶片后，会排出许多细小如珠的粪粒。这些粪粒被当地人称为“虫珠”。当地人用筛子筛出虫珠后，会将其放至阳光下晾晒，然后放入180℃的热锅里炒干，之后再加入蜂蜜与茶叶复炒。待各种成分充分融合后，虫屎茶才算制作完成。

图 2-5　桂林虫屎茶

任务测评

以下题目为不定项选择题，请仔细审题，并作答。

1．北京大碗茶最初在（　　）开始出现在北京街头。

A．汉代　　B．唐代　　C．明代　　D．清代

2．广东人吃早茶时，一壶茶搭配两碟茶点的习惯被称为（　　）。

A．“一盅三件”　　B．“两盅一件”

C．“一盅两件”　　D．“三件一盅”

3．成都盖碗茶所用盖碗由（　　）3 个部分组成。

A．茶盖　　B．茶碗　　C．茶壶　　D．茶舟

4．下列选项中，属于“潮州工夫茶四宝”之一的是（　　）。

A．红泥炉　　B．玻璃杯

C．白瓷杯　　D．不锈钢壶

5．桂林虫屎茶的主要功效是（　　）。

A．美容养颜　　B．清热消暑

C．减肥瘦身　　D．镇静安神

任务二　领略民族饮茶习俗

一、蒙古族的咸奶茶

咸奶茶（见图 2-6）又称“蒙古茶”，多用青砖茶或黑砖茶熬制而成，是蒙古族人日常生活中不可缺少的一种饮品。当家中有客人来时，热情好客的蒙古族人就会斟上香喷

喷的咸奶茶，以表示对客人的欢迎。

制作咸奶茶时，要先把砖茶打碎。等锅中水煮沸时，再放入适量茶叶。煮到茶水较浓时，用漏勺捞去茶叶继续煮，边煮边用勺扬茶水，然后加入适量的鲜奶（用奶量为茶水的 1/5 左右），继续用勺扬至茶乳交融。最后，加入适量的盐，待茶水再次沸腾，基本的咸奶茶便制作完成。值得一提的是，蒙古族人在制作咸奶茶时，还常常会根据个人口味加入酥油、炒米等丰富的辅料进行进一步的熬制，从而丰富咸奶茶的口感层次。

图 2-6 咸奶茶

在斟茶时，主人要遵守一定的礼仪。例如，主人在给客人斟茶时，要用右手握铜壶或勺子，将壶嘴或勺头向北、向里，而不能向南（朝向门口）、向外，因为向里象征着福从里来，向外则象征着福朝外流；不可将茶水斟得太满，也不能只斟一半，斟至七八分满即可；给长辈或贵客添茶时，要把茶碗接过来添茶，而不能让客人把碗拿在手里添茶；当客人的茶已喝去半碗时，应立刻给客人添茶，以确保茶汤温热；等等。

二、藏族的酥油茶

酥油茶（见图 2-7）是一种用水、酥油和砖茶等原料制成的饮品。它既是藏族人日常生活中必不可少的饮品，也是他们用来馈赠宾客的礼品。制作酥油茶所用的酥油是煮沸的牛奶或羊奶冷却后表面凝结的一层脂肪，所用的砖茶一般是紧压茶中的康砖、金尖等。

图 2-7 酥油茶

藏族酥油茶

制作酥油茶时，要先将砖茶捣碎并熬煮成茶汤；然后，将滤除茶叶后的茶汤灌入打茶筒（一种藏族传统木质茶具，呈圆筒状，表面常有装饰，一端封闭，另一端开口，配有长木槌）内，加入适量的酥油、食盐，以及核桃仁、芝麻、松子等；随后，用长木槌在打茶筒里上下不断舂打，直到茶汤与配料充分混合并开始起泡沫，这就意味着酥油茶打好了；最后将打好的酥油茶倒入茶壶，放到火上煨热后即可饮用。

客人在饮酥油茶时，需要遵守一定的礼仪。例如，饮第一碗酥油茶时，不可一饮而尽，而应在碗内留下少许，表达还想喝的意愿及对主人手艺的赞许；如果不想再喝，就不应再动已斟满的茶碗，等到告辞时再一饮而尽。

三、维吾尔族的奶茶与香茶

新疆被天山山脉自然分隔为北疆与南疆两个部分，两者在气候、地貌及经济模式上均大相径庭。北疆位于天山以北，广袤的草原孕育了以畜牧业为主的生产方式；南疆位于天山以南，尽管有塔克拉玛干大沙漠覆盖，但沙漠外围的冲积平原是水草丰茂的绿洲，农业因此而成为当地的主导产业。也正因如此，北疆和南疆的居民形成了不同的饮茶习惯。

北疆居民习惯饮用用茯砖茶熬制的咸奶茶。这种奶茶与蒙古族的咸奶茶相似，都是在茶中加入牛奶和盐熬制而成的。与蒙古咸奶茶不同的是，北疆的咸奶茶不是用铁锅熬制的，而是使用铝壶。咸奶茶放在铝壶中，终日不离火，这样可以保证人们随时取饮。

南疆居民则习惯饮用香茶。与北疆奶茶一样，香茶同样使用茯砖茶熬制，但在熬制过程中，不加入牛奶和盐，而是添加用胡椒、桂皮等香料碾成的粉末。熬制香茶时，南疆居民通常会使用长颈的铜质茶壶或搪瓷茶壶。为了防止倒茶时茶渣混入茶水，他们通常会在壶嘴处套上一个过滤网。在南疆，香茶往往伴随着餐食一起享用，几乎成了餐桌上的必备饮品。

四、白族的三道茶

三道茶又称“三般茶”，是云南白族在招待贵宾时的一种饮茶方式。其“一苦、二甜、三回味”的品饮顺序，蕴含着深刻的人生哲理。

在当地，若客人到访，主人就会即刻安排家人生火煮水。水烧开后，由家中最尊贵的人亲自司茶。首先，将一只粗糙的小砂罐置于文火上烘烤，待罐热后，投入一撮茶叶，并不断转动罐子，确保茶叶均匀受热。当茶叶发出“啪啪”声，颜色由绿变黄并散发出焦香味时，便向罐中注入沸水。片刻后，主人会将罐中的茶水倒入名为牛眼睛盅的小茶杯中，且通常只倒半杯。这时，茶水呈现出琥珀色，焦香四溢，味道苦涩。这就是第一道苦茶，寓意人的一生是波折的。

接着，主人会在小砂罐中重新烤茶并加水，同时将牛眼睛盅换成小碗或杯子，并在里面放入红糖、乳扇、核桃仁等，然后将茶水倒至八分满，递给客人，如图 2-8 所示。此时的茶水甜中带香，与第一道茶的风味迥然不同。这就是第二道甜茶，寓意苦尽甘来。

图 2-8 甜茶

最后，主人会在碗中或杯中放入蜂蜜、花椒、姜、桂皮等佐料，然后注入滚烫的茶水。客人接过茶后，需要轻轻摇晃茶碗或茶杯，使茶汤与调料充分融合，然后趁热喝下。这时的茶水，甜、苦、麻、辣四味俱全，回味无穷。这就是第三道回味茶，寓意人老时对一生的回味。

五、苗族、侗族的油茶

聚居在湖南南部、广西北部和贵州遵义一带的苗族、侗族人民，对油茶（见图 2-9）情有独钟。当地流传着这样一首顺口溜："香油芝麻加葱花，美酒蜜糖不如它。一天油茶喝三碗，养精蓄力有劲头。"

图 2-9 油茶

在当地，制作油茶称为"打油茶"，共有 4 个步骤。

（1）点茶，即准备茶叶。用于打油茶的茶叶通常有两种，一种是精心烘炒的末茶，另一种是茶树上的鲜嫩芽叶。

（2）备料，即准备芝麻、花生、葱、姜、食用油等各式调料。

（3）煮茶。生火将锅底烧热后，放油入锅，等油面冒青烟时，立即放入茶叶，并用锅铲不断翻炒，待茶叶散发出阵阵清香，再加入备好的调料，翻炒片刻后加水并盖上锅盖，煮沸 3～5 分钟，临起锅前再撒入葱花和姜末。至此，油茶便烹制完成。

（4）配茶，即在已煮好的油茶中，根据个人喜好加入不同种类的菜肴或食品，从而制作出风味各异的油茶，如鱼子油茶、糯米油茶、米花油茶等。

主人端送油茶时，应先将第一碗油茶端给座上的长辈或贵宾，以表敬意，然后再将油茶依次端送给其他客人。客人接到油茶后，不可立即饮用，而应先将碗置于自己面前，等主人说“敬请”后，再与众人一同举碗品尝。吃油茶时只用一根筷子，且每人至少要吃 3 碗，因为当地人认为“三碗不见外”。吃过 3 碗后，客人如果不想再吃，只需要把筷子放在自己的碗上即可。

六、畲族的宝塔茶

在福建省福安市，畲族男女结婚时流行喝“宝塔茶”。在成婚当日，男方需要请一位能歌善舞的男子（当地人称“亲家伯”）做代表，由他带着迎亲的人抬着花轿去女方家迎亲。到女方家时，女方的接亲人员（当地人称“亲家嫂”）便会端出 5 碗茶，叠成宝塔的形状，俗称“宝塔茶”。双方在对歌完毕后，亲家伯需要用牙齿咬住“宝塔”顶端的一碗茶，双手夹住另外 4 碗茶，分别递给 4 名轿夫，最后自己当众喝干嘴里的那碗茶。若茶水不溅出，就能博得满堂喝彩；若有茶水溅出，则表明功夫不到家，会遭到亲家嫂们的奚落。饮用宝塔茶的场面热闹非凡，能为婚礼增添很多乐趣。

任务测评

以下题目为不定项选择题，请仔细审题，并作答。

1．关于蒙古族咸奶茶的制作，以下描述正确的是（　　）。

A．茶叶煮开即加奶　　B．煮茶要搅拌防沉

C．不加任何调料　　D．茶沸时加盐

2．酥油茶是（　　）的传统茶俗。

A．藏族　　B．彝族　　C．傣族　　D．哈尼族

3．在新疆，南疆人民有（　　）的独特茶俗。

A．喝香茶　　B．喝臭茶　　C．喝糖茶　　D．喝苦茶

4．在白族三道茶中，主人斟第二道茶时，通常会将茶汤控制在（　　）。

A．六分满　　B．五分满　　C．八分满　　D．九分满

5．（　　）是将砖茶或沱茶煮沸，加入适量的酥油和少许盐巴，再经过充分打制而成的。

A．酥油茶　　B．咸奶茶　　C．龙虎斗　　D．打油茶

模块实训

调饮茶的制作与品鉴

【实训目的】

（1）掌握调饮茶的基本制作技术。

（2）创作并品鉴 2～3 款不同口味的调饮茶。

（3）理解调饮茶的文化背景和市场趋势。

【实训时间】

约 4 小时。

【实训场所】

实训教室。

【实训器具】

（1）器具：茶壶、饮杯、搅拌棒、滤网、量杯、电子秤、果汁机、调饮壶、冰块模具等。

（2）材料：红茶、绿茶、牛奶、巧克力酱、蜂蜜、肉桂、小豆蔻、白糖、柠檬、黄柠檬糖浆、黄糖浆、冰块等。

【实训方法】

（1）酾茶法：精确控制茶水比、冲泡温度与冲泡时间，以获取最佳口感的茶汤。

（2）兑和法：按照配方，将主要原料和辅料按比重从大到小依次使用搅拌棒沿杯壁缓慢倒入饮杯，不可搅拌，以形成层次分明的饮品。

（3）调和法：根据配方，将原料和配料依次倒入饮杯，用搅拌棒沿着同一个方向轻轻搅拌均匀。制作冷饮时，可加冰块一同搅拌，之后用滤冰器过滤冰块，倒入预冷的饮杯中。

（4）摇和法：在调饮壶中加入适量冰块，按配方依次加入原料和配料，摇匀后过滤冰块，倒入饮杯。需要注意的是，含碳酸饮料的配料应在其他原料和配料调好后直接加入。

（5）搅拌法：将原料和冰块按照配方要求放入搅拌机，高速搅拌 8～10 秒，使原料和冰块充分混合，然后一并倒入饮杯。搅拌时，一般先加果蔬，后加浓茶汤、糖浆和冰块。

【实训步骤】

（1）学生分组，每组配备所需的实训器具和材料。

（2）教师演示调饮茶的制作技巧，包括酾茶法、兑和法、调和法、摇和法、搅拌法等。

（3）学生在教师的指导下，参考以下调饮茶的制作方法，分组制作并品鉴2～3款不同风味的调饮茶。

英式奶茶

原料：红茶4克，牛奶120毫升，巧克力酱15克，蜂蜜15毫升。

分量：两人份。

步骤：

① 将牛奶倒入锅中煮沸。

② 将巧克力酱倒入牛奶中搅拌至融化。

③ 加入茶叶，小火煮1分钟。

④ 熄火，过滤茶叶，将茶汤倒入杯中。

⑤ 加入蜂蜜，搅拌均匀后即可饮用。

香料奶茶

原料：红茶4克，牛奶200毫升，水200毫升，肉桂、小豆蔻、白糖各适量。

分量：两人份。

步骤：

① 把水倒入锅中煮沸。

② 水沸腾后，加入掰碎的肉桂和碾碎的小豆蔻。

③ 加入茶叶和牛奶。

④ 煮沸后转小火继续煮1分钟，然后熄火。

⑤ 加入适量白糖，过滤茶叶，将茶汤倒入饮杯中品饮。

柠檬冰红茶

原料：红茶6～7克，水250毫升，绿柠檬1/3个，黄柠檬1/3个，黄柠檬糖浆30毫升，黄糖浆20毫升，冰块250克。

分量：1～2人份。

步骤：

① 以1∶35的茶水比、90℃的水温，冲泡红茶5分钟左右，出汤备用。

② 清洁柠檬后擦干，切小块备用。

③ 将柠檬块和茶汤放入果汁机中，高速搅打10秒；然后，过滤果汁渣，把茶汤倒入饮杯中。

④ 清洁果汁机，将滤出的茶汤倒入，加入黄柠檬糖浆、黄糖浆、冰块，高速搅打2～3秒。

⑤ 将茶汤倒入饮杯中品饮。

（4）学生展示自己的调饮茶作品，并进行品鉴交流。

（5）教师评价学生的实训表现，总结实训成果。

模块评价

本模块的学习已告一段落，请同学们结合理论知识的学习情况，课前、课中和课后的任务完成情况，以及素质目标的达成情况 3 个方面，按照表 2-1 的评价标准对本模块的学习效果进行自评和互评，并请教师进行总体评价。

表 2-1 综合评价表

评价项目	评价内容	分值	得分		
			自评	互评	师评
知识评价	能够准确复述至少 3 种不同地区的饮茶习俗及其文化内涵	15			
	能够识别出至少 2 种少数民族的饮茶习俗	15			
技能评价	能够口头分析不同饮茶习俗之间的差异	20			
	能够在教师的指导下迅速学习基础的制茶流程	20			
素质评价	通过参与讨论和实践活动，表现出对不同民族饮茶文化的尊重，以及对多元文化差异的包容和理解	15			
	在跨文化交流的情境中，展现出良好的交流能力，能够以开放和尊重的态度与不同文化背景的人进行互动	15			
合计		100			
总分	自评（30%）+互评（30%）+师评（40%）=				

模块三

茶与文学

茶不仅仅是一种饮品，更承载着深厚的文化意蕴和情感。它以独特的韵味和丰富的文化内涵，成为文学艺术中不可或缺的灵感源泉。在中国悠久的文化历史长河中，文人墨客在品茗之际，往往能从中汲取到创作的灵感，将茶的清香和韵味融入诗词歌赋中，赋予作品独特的生命力和艺术魅力。

学习目标

知识目标：

- 了解茶诗、茶谚、茶联和茶谜。
- 了解茶文化与文学的关系，真正理解茶诗、茶谚、茶联和茶谜的内涵。

能力目标：

- 能够流畅地阅读和分析茶诗、茶谚、茶联、茶谜。
- 能够准确阐述茶在文学作品中的象征意义和情感表达。

素质目标：

- 感受茶文化的魅力，提升对茶文学作品的鉴赏能力和个人文学素养。
- 感悟茶文化中蕴含的人生哲理和生活态度，培养高雅的生活情趣和审美情趣。

模块导入

从酒领诗阵到茶为诗魂

在中国，一向有茶酒争功之说。纵观茶与酒在古代文人心中的地位，有一个酒领诗阵到茶酒并坐的演变过程。

唐代之前，文人常以酒助兴。屈原的《九歌·东皇太一》中就有“蕙肴蒸兮兰藉，奠桂酒兮椒浆”[①]的句子，意思是说，要将美酒和佳肴献给东皇太一。曹操的《短歌行》中，“对酒当歌，人生几何？譬如朝露，去日苦多。慨当以慷，忧思难忘。何以解忧，惟有杜康”[②]也是以酒解忧的名句。到了晋代，左思创作了一首以茶为主题的《娇女诗》，这首诗通过描绘娇女饮茶的场景透露出诗人对生活的热爱，充满了生活气息。从此，茶也开始入诗。

唐代前期，诗人仍多以酒助兴。李白有“斗酒诗百篇”之称，但其茶诗的数量却非常少，足以说明酒在当时文人心目中的地位。然而，随着陆羽、皎然等爱茶文人的涌现，茶与文人逐渐结下不解之缘。在这一时期，陆羽在《茶经》中详细介绍了一套完整的茶艺流程，皎然总结出一套茶道思想，颜真卿经常组织文人茶会，卢仝、皇甫曾、皇甫冉、刘长卿、刘禹锡等人则把茶艺和茶道精神融入诗歌之中。从此，茶诗开始大量出现，文人对茶的认识也达到了一个新高度。

把茶大量引入诗坛，使茶和酒在诗坛中平分秋色的是白居易。从白居易的诗中，人们可以看到，茶酒并不争高下，而是经常会同时出现在一首诗中，如“春风小榼三升酒，寒食深炉一碗茶”（《自题新昌居止因招杨郎中小饮》）、“举头中酒后，引手索茶时”（《和杨同州寒食乾坑会后闻杨工部欲到知予与工部有宿酲》）等。

唐代以后，中国的文人雅士在组织和参与茶事活动时，常以诗词歌赋记录饮茶时的感受与见闻。很多著名诗人都有精彩的茶诗流传于世。也正是由于知识阶层的深度参与，中华茶文化核心审美中才一直萦绕着一份诗意的情愫。

问题与思考：

你知道哪些关于茶的文学作品？你能否简单介绍一下这些文学作品？

---

① 方铭：《楚辞全注》，人民文学出版社，2019。

② 张作耀：《曹操评传（修订本）》，上海书店出版社，2018。

任务一 品读茶诗

茶诗分享

中国是诗与茶的国度，茶与诗有着难以割舍的情缘。诗与茶的结合，造就了极具特色的茶诗，呈现了中国茶文化的独特魅力。

一、唐代以前的茶诗

在唐代以前的诗中，谈及茶的并不多。两晋和南北朝时期是茶诗创作的酝酿、萌芽阶段，在这一时期，文人诗作中提到茶的有4首，即《出歌》《娇女诗》《登成都楼诗》《杂诗》。

西晋孙楚在《出歌》中列举了各地的风物特产，他写道："茱萸出芳树颠，鲤鱼出洛水泉，白盐出河东，美鼓出鲁川，姜桂茶荈出巴蜀，椒橘木兰出高山。"其中，"茶荈"就是茶的意思。"茶荈出巴蜀"说明在西晋时期，茶是巴蜀之地的特产。

西晋左思《娇女诗》中的"止为荼荈据，吹嘘对鼎鑩（lì）"一句，描写了左思的两个女儿急于饮茶，于是对着茶炉吹火，以求早点把茶煮好的生活场景。这句诗用凝练、生动的语言将两个女孩的天真神态刻画得生动、逼真。

西晋张载的《登成都楼诗》（又名《登成都白菟楼诗》）是一首咏茶诗，诗中描写了西晋时期成都富饶的物产及成都人的饮食情况。其中，"芳茶冠六清，溢味播九区"一句，夸赞茶的甘美胜过"六清"（即"水、浆、醴、凉、医、酏"），使得茶的醇香传遍了九州。

南朝宋的王微在《杂诗》中，以农家采桑女的角度展开叙事，写道："寂寂掩高阁，寥寥空广厦。待君竟不归，收领今就檟（jiǎ）。"其中，"檟"是茶树的古称。诗中描写了采桑女独自在家中，苦等丈夫归来未果，只能强收泪颜，饮茶解忧的场景。

二、唐宋时期的茶诗

唐宋时期，因饮茶之风的普及，以茶为主题的诗作大量涌现。这些茶诗形式多样、题材广泛，几乎涵盖了茶事活动的所有方面。具体来说，在这一时期，茶诗的主要形式有诗和词两种。

（一）诗

1. 五言古诗

五言古诗每句五个字，格律相对自由，不拘泥于平仄。关于茶的五言古诗有唐代李白的《答族侄僧中孚赠玉泉仙人掌茶》、宋代梅尧臣的《答宣城张主簿遗鸦山茶次其韵》等。

答族侄僧中孚赠玉泉仙人掌茶①

【唐】李白

常闻玉泉山，山洞多乳窟。
仙鼠如白鸦，倒悬清溪月。
茗生此中石，玉泉流不歇。
根柯洒芳津，采服润肌骨。
丛老卷绿叶，枝枝相接连。
曝成仙人掌，似拍洪崖肩。
举世未见之，其名定谁传？
宗英乃禅伯，投赠有佳篇。
清镜烛无盐，顾惭西子妍。
朝坐有余兴，长吟播诸天。

在《答族侄僧中孚赠玉泉仙人掌茶》中，诗人首先说明“仙人掌茶”生长于玉泉山洞中，指出洞中的芳津泉水赋予这种茶“根柯洒芳津，采服润肌骨”的上乘品质。其次，诗人介绍了这种茶的特点：这种茶枝枝相连，制成之后形似仙人手掌。最后，诗人抒发了对“仙人掌茶”的喜爱之情。这首诗对“仙人掌茶”的产地、外形特征及品质效用等都有详细的描述，是后世研究茶的重要研究资料之一。

2. 七言古诗

七言古诗每句七个字，在形式上更加灵活多变。关于茶的七言古诗有宋代黄庭坚的《奉谢刘景文送团茶》等。

奉谢刘景文送团茶②

【宋】黄庭坚

刘侯惠我大玄璧，上有雌雄双凤迹。
鹅溪水练落春雪，粟面一杯增目力。
刘侯惠我小玄璧，自裁半璧煮琼糜。
收藏残月惜未碾，直待阿衡来说诗。
绛囊团团馀几璧，因来送我公莫惜。
个中渴羌饱汤饼，鸡苏胡麻煮同吃。

《奉谢刘景文送团茶》描写了诗人对友人所赠茶饼的喜爱：友人刘景文赠予诗人一大一小两个茶饼，诗人小心地撬开其中的一个茶饼，烹煮出了如琼浆玉液般的茶汤；剩下的茶饼形如蛾眉残月，诗人不舍得轻易享用，只有友人来访时才会拿出来共享，与友人边喝茶边吟诗作赋。诗人还在诗中介绍了茶的食用方法，即茶汤除了可以泡饼之外，还

---

① 管士光：《李白诗全集新注》，人民文学出版社，2024。
② 曾国藩：《曾国藩全集》，中华书局，2018。

可以同龙脑薄荷、芝麻等一同煮食。

3. 杂言古诗

杂言古诗大多会对字形、句法、声律和押韵进行特殊处理，从而创作出别具一格的作品，带有一定的文字游戏性质。关于茶的杂言古诗有唐代皎然的《饮茶歌诮崔石使君》、唐代卢仝的《走笔谢孟谏议寄新茶》等。

饮茶歌诮崔石使君①

【唐】皎然

越人遗我剡（shàn）溪茗，采得金芽爨（cuàn）金鼎。
素瓷雪色缥沫香，何似诸仙琼蕊浆。
一饮涤昏寐，情来朗爽满天地。
再饮清我神，忽如飞雨洒轻尘。
三饮便得道，何须苦心破烦恼。
此物清高世莫知，世人饮酒多自欺。
愁看毕卓瓮间夜，笑向陶潜篱下时。
崔侯啜之意不已，狂歌一曲惊人耳。
孰知茶道全尔真，唯有丹丘得如此。

皎然是唐代著名诗僧，善烹茶，作有茶诗多篇。《饮茶歌诮崔石使君》约作于唐德宗贞元元年（785），题中“诮”字乃为诙谐之言，其意在倡导以茶代酒、探讨茗饮。这首诗是一首浪漫主义与现实主义相结合的诗篇，诗人从友人赠送的剡溪名茶（产于今浙江省嵊州市）讲到茶的珍贵，赞誉剡溪茶清郁隽永的香气，甘露琼浆般的滋味。在细腻地描绘茶的色、香、味、形后，诗人又生动地描写了自己一饮、再饮、三饮的感受，然后急转到对“三饮”功效的探讨。此外，皎然还借助茶诗表明饮茶可以提神醒脑、净化心灵、修身养性，使这首茶诗的中心思想得到了升华。

走笔谢孟谏议寄新茶②

【唐】卢仝

日高丈五睡正浓，军将打门惊周公。
口云谏议送书信，白绢斜封三道印。
开缄宛见谏议面，手阅月团三百片。
闻道新年入山里，蛰虫惊动春风起。
天子须尝阳羡茶，百草不敢先开花。
仁风暗结珠琲瓃（bèi léi），先春抽出黄金芽。
摘鲜焙芳旋封裹，至精至好且不奢。

---

① 陈宗懋：《中国茶叶大辞典》，中国轻工业出版社，2000。
② 陈伯海：《唐诗学书系》，上海古籍出版社，2015。

至尊之馀合王公，何事便到山人家。
柴门反关无俗客，纱帽笼头自煎吃。
碧云引风吹不断，白花浮光凝碗面。
一碗喉吻润，两碗破孤闷。
三碗搜枯肠，唯有文字五千卷。
四碗发轻汗，平生不平事，尽向毛孔散。
五碗肌骨清，六碗通仙灵。
七碗吃不得也，唯觉两腋习习清风生。
蓬莱山，在何处？
玉川子，乘此清风欲归去。
山上群仙司下土，地位清高隔风雨。
安得知百万亿苍生命，堕在巅崖受辛苦！
便为谏议问苍生，到头还得苏息否？

谏议是古代的一种官职名称。《走笔谢孟谏议寄新茶》是诗人在品尝友人孟谏议所赠新茶之后的即兴诗作。诗中抒发了诗人的自然心境，从对茶汤的品鉴到思维的升华，一气呵成，让人回味无穷。诗的前四句叙述了喝茶的起因：诗人在午睡时收到好友孟谏议的信函与新茶，茶饼被白绢布细致地包裹，表现了友人的细心。诗句从“摘鲜焙芳旋封裹”到“何事便到山人家”赞叹茶的珍贵，彰显了孟谏议与诗人的友谊。从“柴门反关无俗客”开始到最后，诗人叙述了煎茶、饮茶的过程和感想。诗末，诗人感叹茶农的辛劳，意在提醒人们在享受之余铭记这份辛苦。

4. 宝塔诗

宝塔诗的特点是首句一个字，随后逐句递增字数，直至末句七字，并且逐句或每两句成一韵，形如宝塔。关于茶的宝塔诗有唐代元稹的《一字至七字诗・茶》等。

一字至七字诗・茶[①]

【唐】元稹

茶。
香叶，嫩芽。
慕诗客，爱僧家。
碾雕白玉，罗织红纱。
铫煎黄蕊色，碗转曲尘花。
夜后邀陪明月，晨前命对朝霞。
洗尽古今人不倦，将至醉后岂堪夸。

《一字至七字诗・茶》是一首咏茶的宝塔诗，表达了诗人对茶的热爱之情。诗的开篇

① 陈宗懋：《中国茶叶大辞典》，中国轻工业出版社，2000。

以点睛之笔，言简意赅地指出该诗以“茶”为主题，紧接着描写茶之香、茶之形和茶之美。诗中第三句讲茶深受“诗客”与“僧家”的推崇、爱慕，寥寥几字，便展现了“茶”与“诗”相辅相成、相得益彰之妙。第四句讲如何烹茶，即用白玉雕成的碾把茶叶碾碎，再用红纱制成的茶罗把茶筛分，其语言简洁、生动、形象。第五句写烹茶要先将茶在铫中煎成“黄蕊色”，而后清理茶汤上面的沫饽（茶水煮沸时产生的浮沫），让人联想到“碗转曲尘花”之雅姿。第六句讲饮茶，描写了诗人饮茶不分昼夜，与月共饮、对霞品味的雅趣。诗末，诗人道出品茶之妙，表示不论古人还是今人，饮茶时都会觉得倦意全消、心情愉悦，特别是在酒后饮茶，还有醒酒之功效。

5．回文诗

回文诗是一种特别的诗体，其诗句正读、倒读皆成章句。关于茶的回文诗有宋代苏轼的《记梦回文二首并叙》等。

记梦回文二首并叙①

【宋】苏轼

十二月二十五日，大雪始晴。梦人以雪水烹小团茶，使美人歌以饮。余梦中为作《回文》诗，觉而记其一句云：乱点余花唾碧衫。意用飞燕唾花故事也，乃续之为二绝句云。

酡颜玉碗捧纤纤，乱点余花唾碧衫。
歌咽水云凝静院，梦惊松雪落空岩。
空花落尽酒倾缸，日上山融雪涨江。
红焙浅瓯新火活，龙团小碾斗晴窗。

《记梦回文二首并叙》的前两句为第一首，后两句为第二首。这两首诗意境幽雅，写的是梦境中的茶会。苏轼在诗叙中提到，这两首诗源于他做的梦，梦中有美人手捧玉碗奉上用雪水烹制的小龙团茶。在梦中，他还作了一首回文诗，醒来后只记得一句“乱点余花唾碧衫”。于是醒来后，诗人将其续写成两首完整的诗。

6．律诗

律诗盛行于唐宋时期，在字句、押韵、平仄、对仗等方面都有严格的规定，常见的类型有五言律诗、七言律诗和排律（又称“长律”）。关于茶的律诗有唐代杜牧的《春日茶山病不饮酒因呈宾客》、白居易的《谢李六郎中寄新蜀茶》、皇甫冉的《送陆鸿渐栖霞寺采茶》、齐己的《咏茶十二韵》，以及宋代欧阳修的《和梅公仪尝建茶》等。

春日茶山病不饮酒因呈宾客②

【唐】杜牧

笙歌登画船，十日清明前。
山秀白云腻，溪光红粉鲜。

---

① 杨多杰：《茶的精神 宋代茶诗新解》，中华书局，2023。

② 吴在庆：《杜牧诗文选评》，上海古籍出版社，2018。

欲开未开花，半阴半晴天。

谁知病太守，犹得作茶仙。

在春日的茶山上，诗人因病未能饮酒，于是写下《春日茶山病不饮酒因呈宾客》呈献给到访的宾客。诗的前两句描绘了茶山的景色：清明之前，江南风光正美，茶山周围有秀丽的山川、绵密细腻的白云、波光粼粼的溪水、年轻靓丽的姑娘，整个场景清丽生动。诗的后两句则表达了诗人对病中生活的感慨、对宾客的歉意与感激，同时也透露出对生活真谛的深刻思考。

7. 绝句

绝句通常为五言或七言，讲究平仄、押韵，言简意赅。唐宋时期关于茶的绝句丰富多样，反映了人们对茶的热爱和对茶文化的深刻理解。关于茶的绝句有唐代刘禹锡的《尝茶》、白居易的《山泉煎茶有怀》、张籍的《和韦开州盛山十二首·茶岭》，以及宋代苏轼的《赠包安静先生茶二首》等。

尝茶①

【唐】刘禹锡

生拍芳丛鹰嘴芽，老郎封寄谪仙家。

今宵更有湘江月，照出菲菲满碗花。

《尝茶》描述了这样一个场景：诗人得到友人寄来的茶叶后，于夜间煎水煮茶；夜里月光如注，倾泻在茶碗之中，使茶汤如花般美妙。

（二）词

词是诗的一种别体，其形式自由，句式长短不一，是隋唐时兴起的一种新的文学样式。到了宋代，经过长期不断发展，词进入鼎盛时期，许多诗人都有脍炙人口的咏茶词作留存于世，如黄庭坚的《品令·茶词》等。

品令·茶词②

【宋】黄庭坚

凤舞团团饼。恨分破、教孤令。金渠体净，只轮慢碾，玉尘光莹。汤响松风，早减了二分酒病。

味浓香永。醉乡路、成佳境。恰如灯下，故人万里，归来对影。口不能言，心下快活自省。

这首词讲述了诗人碾茶、点茶、品茶的情形，展现了一种只能意会、不可言传的美妙意境：饮茶后似有醉意，就像与旧日好友在灯下对坐品茗，尽管悄然无言，但心中却充满了无以言表的喜悦。

---

①② 陈宗懋：《中国茶叶大辞典》，中国轻工业出版社，2000。

三、元明清时期的茶诗

元明清时期的茶诗沿袭了唐宋时期茶诗的传统和形式。在这一时期，茶诗的主题非常丰富，不仅涵盖了茶的种植、采摘、制作、品鉴等方面，还融入了文人对生活的感悟和对自然的敬畏，展现了文人对茶的热爱和对茶文化的深入探索。

（一）元代茶诗

元代茶诗的体裁有古诗、律诗、绝句等，较为出名的有袁桷（jué）的《煮茶图》、洪希文的《煮土茶歌》、耶律楚材的《西域从王君玉乞茶因其韵七首》等。

西域从王君玉乞茶因其韵七首①

【元】耶律楚材

其一

积年不啜建溪茶，心窍黄尘塞五车。
碧玉瓯中思雪浪，黄金碾畔忆雷芽。
卢仝七碗诗难得，谂老三瓯梦亦赊。
敢乞君侯分数饼，暂教清兴绕烟霞。

其二

厚意江洪绝品茶，先生分出蒲轮车。
雪花滟滟浮金蕊，玉屑纷纷碎白芽。
破梦一杯非易得，搜肠三碗不能赊。
琼瓯啜罢酬平昔，饱看西山插翠霞。

其七

啜罢江南一碗茶，枯肠历历走雷车。
黄金小碾飞琼屑，碧玉深瓯点雪芽。
笔阵陈兵诗思勇，睡魔卷甲梦魂赊。
精神爽逸无余事，卧看残阳补断霞。

《西域从王君玉乞茶因其韵七首》是一组茶诗，共七首。这组茶诗生动地刻画了饮茶带给人的精神愉悦，表达了诗人酷爱饮茶的情感。其中，第一首诗描写了诗人对喝建溪茶的美好回忆，又用嗜茶典故表达了诗人希望喝到好茶的心情，将诗人多年没喝到好茶的渴茶状态描写得意趣颇丰。第二首诗首先对友人赠茶表示感谢，接着写碾茶、煎茶与饮茶的过程，诗末生动地传达了诗人终于满足饮茶心愿后的惬意心情。第七首诗则描写了诗人品茶后的美妙体验，又一次表达了诗人对品茶的热爱。

① 陈宗懋：《中国茶叶大辞典》，中国轻工业出版社，2000。

（二）明代茶诗

明代茶诗的体裁多样，包括五言古诗、七言古诗、律诗、绝句和词等。其题材也非常丰富，包括名茶诗、煎茶诗、名泉诗、饮茶诗、采茶诗、造茶诗、赠茶诗等。名茶诗有于若瀛的《龙井茶》、吴宽的《谢朱懋恭同年寄龙井茶》，煎茶诗有文徵明的《咏茶》，饮茶诗有王世贞的《试虎丘茶》，名泉诗有吴宽的《饮玉泉》，采茶诗有高启的《采茶词》、黄宗羲的《余姚瀑布茶》，造茶诗有高启的《过山家》，赠茶诗有明代王绂（fú）的《谢吴中寄惠佳茗》、徐渭的《谢钟君惠石埭茶》，等等。

采茶词①

【明】高启

雷过溪山碧云暖，幽丛半吐枪旗短。
银钗女儿相应歌，筐中摘得谁最多？
归来清香犹在手，高品先将呈太守。
竹炉新焙未得尝，笼盛贩与湖南商。
山家不解种禾黍，衣食年年在春雨。

《采茶词》描写了每当茶芽半露时，茶乡人家便竞相上山采茶；归来时，茶叶清香还萦绕手中，便忙着将“高品”茶呈于太守，剩余的茶叶未等品尝便全部卖给了商人的生活场景，表现了诗人对劳动人民生活的同情与关怀。

（三）清代茶诗

清代茶诗的题材有名茶诗、煎茶诗、饮茶诗、名泉诗、茶具诗、采茶诗、造茶诗、茶园诗等。名茶诗有乾隆皇帝的《观采茶作歌》《坐龙井上烹茶偶成》，陆廷灿的《咏武夷茶》，万光泰的《扫落花·武夷茶》等；煎茶诗有王贵一的《观仲儒熹儒煮茗》、杜浚的《弘济寺寻蒲庵》；饮茶诗有杜浚的《落木庵同蒲道人啜茗》；名泉诗有杜浚的《北山啜茗》、胡虞逸的《敲冰煮茶》；茶具诗有郑燮的《李氏小园》（第三首）；采茶诗有陈章的《采茶歌》、张日熙的《采茶歌》；造茶诗有宋佚的《送茅与唐入宜兴制秋岕》；茶园诗有屈大均的《西樵山中作》；等等。

李氏小园（节选）②

【清】郑燮

兄起扫黄叶，弟起烹秋茶。
明星犹在树，烂烂天东霞。
杯用宣德瓷，壶用宜兴砂。

---

① 陈宗懋：《中国茶叶大辞典》，中国轻工业出版社，2000。

② 卞孝萱，卞歧：《郑板桥全集》，凤凰出版社，2012。

器物非金玉，品洁自生华。
虫游满院凉，露浓败蒂瓜。
秋花发冷艳，点缀枯篱笆。
闭户成羲皇，古意何其赊。

李氏小园是郑燮（即郑板桥）中进士后在扬州的旧居。这首茶诗先是描写了兄弟俩在李氏小园里过着简单的生活：天上还挂着星星，东方才微微泛起彩霞时，哥哥便起床打扫庭院，弟弟在庭院负责烹茶。虽然喝的是秋茶（自古以春茶为贵，秋茶差一些），但是“杯用宣德瓷，壶用宜兴砂”。然后，诗人形容他心目中的好茶具应该“品洁自生华”。最后三句，诗人描写了天气渐凉，虫鸣声声，瓜熟蒂落，以及秋花的冷艳高雅之美，表达了诗人追求古朴，想要远离尘嚣的生活态度。

四、现当代的茶诗

近现代的茶诗较少，但茶诗的选材更为广泛，格调也更为新颖。

近现代文学家郭沫若生于茶乡，爱饮茶，游览过许多名茶产地。因此，在他的很多诗词作品中都有茶的身影。例如，《缙云山纪游》赞美了缙云山上的一种甜味山茶。郭沫若到湖南高桥茶场品尝新创制的高桥银峰茶后，又创作了一首七言律诗《初饮高桥银峰》。诗中将高桥银峰与唐宋时的名茶紫笋茶、双井茶相提并论，盛赞高桥银峰有提神悦志、消食明目之功效。

初饮高桥银峰

郭沫若

芙蓉国里产新茶，九嶷香风阜万家。
肯让湖州夸紫笋，愿同双井斗红纱。
脑如冰雪心如火，舌不饾饤眼不花。
协力免教天下醉，三闾无用独醒嗟。

在当代，由于时代发生了天翻地覆的变化，茶诗的内容和思想不同于古代偏于清冷、闲适的风格。新时代的茶诗，更突出了茶豪放、热烈的一面，以及积极参与、和谐万众的茶文化传统。较为出名的当代茶诗有赵朴初的《吃茶》《武夷茶艺》《咏天华谷尖》，胡浩川的《新茶歌》，庄晚芳的《咏茶诗》，周祥钧的《龙井茶、虎跑水》，等等。

龙井茶、虎跑水①

周祥钧

龙井茶，虎跑水，绿茶清泉有多美，有多美！山下泉边引春色，湖光山色映满怀，映满怀。五洲朋友哎！请喝一杯茶哎！香茶为你洗风尘，胜似酒浆沁心脾。我愿西湖好

① 王玲：《中国茶文化》，九州出版社，2019。

春光哎！长留你心内，凯歌四海飞。

龙井茶，虎跑水，绿茶清泉有多美，有多美！茶好水好情更好，深情明谊斟满杯，斟满杯。五洲朋友哎！请喝一杯茶哎！手拉手，肩并肩，互相支持向前进。一杯香茶传友谊哎！凯歌四海飞，凯歌四海飞。

《龙井茶、虎跑水》文字优美，主要突出了“以茶交友”的主题和中华儿女与人为善、重友谊、爱和平的精神。因此，以茶交友也有了最深刻、广泛的意义：茶，正以它特有的品格把中国人民与四大洋、五大洲连在一起。

任务测评

以下题目为不定项选择题，请仔细审题，并作答。

1．给后人留下“三饮”说，使得“茶道”深入人心的茶诗是（　　）。

A．《奉谢刘景文送团茶》　　B．《饮茶歌诮崔石使君》

C．《走笔谢孟谏议寄新茶》　　D．《春日茶山病不饮酒因呈宾客》

2．苏轼的《记梦回文二首并叙》是（　　），写的是梦境中的茶会。

A．宝塔诗　　B．词　　C．律诗　　D．回文诗

3．吴宽的《谢朱懋恭同年寄龙井茶》是一首（　　）。

A．饮茶诗　　B．采茶诗　　C．名茶诗　　D．煮茶诗

4．《西域从王君玉乞茶因其韵七首》的作者是（　　）。

A．苏轼　　B．袁枚

C．耶律楚材　　D．黄宗羲

5．（　　）是茶诗创作的酝酿、萌芽阶段，在这个时期，茶文化逐渐融入人们的生活，茶诗也应运而生。

A．两晋和南北朝时期　　B．南北朝时期和唐代

C．隋唐时期　　D．唐宋时期

任务二　欣赏茶谚、茶联和茶谜

一、茶谚

茶谚是介绍有关茶叶种植、采摘、加工、品饮和礼俗等方面知识、经验的谚语。茶谚通俗易懂，朗朗上口，是我国茶文化的重要组成部分。根据内容的不同，茶谚可以分为茶树种植、茶叶采摘、茶叶加工、茶叶品饮、待客礼俗等类别。

（一）关于茶树种植的茶谚

有关茶树种植的茶谚十分丰富。有些茶谚介绍了栽种茶树的时间和方法，如“正月栽茶用手捺，二月栽茶用脚踏”；有些茶谚强调了地势、土壤、阳光、雨水、肥料等对茶树生长的重要性，如“茶树本是神仙草，只要肥多采不了”“一担春茶百担肥”“平地有好花，高山有好茶”“土厚种桑，土酸种茶”“向阳好种茶，背阴好插柳”“要想茶叶好，三晴三雨最为妙”；有些茶谚总结了茶的栽培、生产和管理经验，如“根底肥，叶上催”“浇肥不埋潭，宁可粪坑满”“七挖金，八挖银，九冬十月了人情”“三年不挖，茶树摘花”“若要茶树败，一季甘薯一季麦”；等等。

此外，还有一些讲述茶有较高的经济价值并鼓励种茶的茶谚，如“千茶万桐，一世不穷”“千茶万桑，万事兴旺”等。

（二）关于茶叶采摘的茶谚

茶叶的采摘十分讲究季节，茶农在实践中总结经验，创作了许多关于茶叶采摘的茶谚，对茶叶采摘具有一定的指导作用。例如，“前三天是宝，后三天是草”“清明茶叶是个宝，立夏过后茶粗老，谷雨茶叶刚刚好”“清明早，立夏迟，谷雨前后最适时”“明前茶叶是贡品，谷雨仙茶为上等，立夏茶叶是下等”“立夏茶，夜夜老，小满过后茶变草”说的是茶农要把握时机，在合适的时间采茶；“春茶不采，夏茶不发，头拨不采，二拨不发，夏采留一叶，秋茶多一芽”说的是要正确处理采和养的关系，合理采摘；等等。

此外，还有描写茶农在农忙时既要插秧，又要采制春茶的忙碌景象的茶谚，如“插得秧来茶又老，摘得茶来秧又黄”等。

（三）关于茶叶加工的茶谚

“茶之否臧，存于口诀。”茶的好坏并不是通过简单的视觉或感官，而是依据一些口诀进行判断的。这些口诀是茶农实践经验的总结，可以指导茶叶的制作和加工过程。例如，“小锅脚，对锅腰，大锅帽”是指制作珠茶的三道工序；“大锅炒茶对锅保”是说在珠茶制作过程中，“对锅炒”在先，“大锅炒”在后；“当天采茶，当天做茶”是说采下来的茶芽要及时进行加工，做到当天的茶芽当天加工成茶；“春茶八成红，赶快烘；夏茶八成红，要送终”“主脉红上尖，支脉红一边。叶片红八成，青味变香甜”是说在加工红茶时，要注意季节因素和发酵程度；“叶子包得盐，杆子撑得船”是说制作黑毛茶时，要选用有一定成熟度的鲜叶；“嫩叶老杀，老叶嫩杀”是说在杀青时，对于嫩叶和老叶应采取不一样的杀青方法；等等。

（四）关于茶叶品饮的茶谚

饮茶是中国人的习惯之一。“不管有钱没钱，先刮三响盖碗”“宁可一日无食，不可一日无茶”“开门七件事，柴米油盐酱醋茶”，都表明饮茶在中国人的日常生活中占有举足轻重的地位。

在关于茶叶品饮的茶谚中，有些茶谚讲述了饮茶的禁忌及功效，如“粗茶淡饭健康家，生吃萝卜淡饮茶”“新沏茶清香有味，隔夜之茶伤脾胃”“烫茶伤五内，温茶保年岁”“素食清茶，爽口爽心”等。有些茶谚则凝聚了茶人对品茶的深刻理解和独特感悟。例如，“好茶不怕细品”强调优质茶叶应经得起人们的细细品味；“清茶一杯，无是无非”寓意品茶能使人心境平和，忘却尘世烦恼；“淡中有味淡偏好，清茗一杯情更真”说明品茶重在感受其淡雅之味；等等。

此外，还有一些茶谚对品茶的顺序、方式进行了解释。例如，“投茶有序，先茶后汤”是说品茶时应先放茶叶再注水，以保证茶汤的纯正口感。

（五）关于待客礼俗的茶谚

以茶待客、客来敬茶是我国的传统礼俗。“贵客进屋三杯茶”“待客茶为先”“客从远方来，多以茶相待”等茶谚便是这种礼俗的真实反映。另外，“倒茶只倒七分满，留得三分是人情”“酒满敬人，茶满伤人”“无茶不成仪”等，则是敬茶礼仪的体现。

茗香漫谈

“斟茶七分满”的典故

“斟茶七分满”的意思是说，在斟茶时不要倒得太满，以七分为宜。这个说法出自一个关于王安石和苏轼品茶的典故。

据说，王安石让苏轼从湖北黄州（今湖北省黄冈市）回京城时带回一些长江中峡的水。三年后，苏轼回京城考核，路上特意到长江中峡取水。但他只顾着贪看两岸的优美景色，直到船过了长江中峡才想起取水的事，于是他急忙让船夫回头。可船夫表示，水流湍急无法回头，长江水一流而下，下峡的水也是长江水，不如就取下峡之水。苏轼觉得有道理，便取长江下峡之水去了京城。

当苏轼将水给王安石送去时，王安石非常高兴，便留苏轼一起品尝新茶。王安石取出皇帝新赐的蒙顶茶，用苏轼带来的水煎茶。茶煎好后，王安石给自己和苏轼各倒了一杯，但只有七成满。苏东坡对此心存疑虑，觉得王安石过于小气，连一杯茶也不肯倒满。只见王安石端起茶喝了一口，品味一番，皱起眉头说：“你这水不是中峡水吧？”苏轼有些惭愧，急忙老老实实地说明情况。王安石解释道：“上峡失之轻浮，下峡失之凝浊，只有中峡水中正轻灵，泡茶最佳。”苏东坡这才醍醐灌顶。

王安石又说："你见老夫斟茶只有七分，心中一定在编排老夫的不是。这水来之不易，你自己知晓；而这蒙顶茶，乃皇上钦赐，也来之不易。斟茶七分，既表示茶叶的珍贵，又表示对送礼人的尊敬。假如老夫将杯斟满让你大口畅饮，你还会珍惜这茶吗？"苏东坡听后，恍然大悟，连连点头称是。

由此，"斟茶七分满"的饮茶礼仪便流传至今。

二、茶联

茶联是与茶相关的对联。其对偶工整、平仄协调，内容涉及茶叶、饮茶、茶艺、茶道等多个方面，多见于与茶事密切相关的场所，如茶馆、茶楼、茶店等。茶联既高雅古朴，又通俗易懂，能够增添品茶的乐趣。古往今来，许多名人雅士都留下了妙趣横生的茶联。

茶联的文学性很强，其中有不少作品来源于茶诗。例如，许多茶馆、茶室喜欢悬挂"欲把西湖比西子，从来佳茗似佳人"的茶联，此联上下两句分别取自苏轼的《饮湖上初晴后雨》和《次韵曹辅寄壑源试焙新茶》两首诗。此外，苏轼《惠山谒钱道人烹小龙团登绝顶望太湖》中的"独携天上小团月，来试人间第二泉"也常被用作茶联。

明清时期，写茶联非常流行，许多名家都参与其中。例如，清代郑燮为青城山天师洞斋堂所题茶联为"扫来竹叶烹茶叶，劈碎松根煮菜根"，为扬州青莲斋所题茶联为"从来名士能评水，自古高僧爱斗茶"；清代何绍基为成都望江楼所题茶联为"花笺茗碗香千载，云影波光活一楼"；等等。

还有一些茶联也很有特色。例如，"小天地，大场合，让我一席；论英雄，谈古今，喝它几杯"，此联上下纵横，谈古论今，既朴实，又现实，令人叫绝；"山好好，水好好，开门一笑无烦恼；来匆匆，去匆匆，饮茶几杯各西东"，此联通俗易懂，言简意赅；"两脚不离大道，吃紧关头，须要认清岔道；一亭俯看群山，站高地步，自然赶上前人"，此联既明白如话，又激人奋进；等等。又如，"趣言能适意，茶品可清心"，此联倒读为"心清可品茶，意适能言趣"，前后对照，意境非同，文采娱人，别具情趣。"不可一日无此君"也是一句有名的茶联，人们从这一句中的任何一字起读皆能成句："不可一日无此君""可一日无此君不""一日无此君不可""日无此君不可一""此君不可一日无""君不可一日无此"，颇有意趣。

三、茶谜

茶谜是指以茶或与茶相关的事物为谜面、谜底的谜语。其文思巧妙、生动有趣，主要分为茶字谜和茶物谜两种。

（一）茶字谜

茶字谜是指谜底为字、成语或诗句的茶谜。例如，“移花人接木”“花冠伞盖半遮林”“春到人间草木知”等谜语均以“茶”字为谜底；“人到西湖共品茶”“清茶寡色无人品”等谜语均以“藻”字为谜底。又如，“戒烟茶”的谜底为“水火不容”，“一杯为品”的谜底为“浅尝辄止”，“茗”字的谜底为“名列前茅”，这些谜语都是以成语为谜底的。再如，“茶客签到簿”的谜底为李白《将进酒》中的“唯有饮者留其名”，“茶”字的谜底为唐代张九龄《感遇十二首》中的“草木有本心”，这些茶字谜都是以诗句为谜底的。

（二）茶物谜

茶物谜是指谜底为茶叶、茶具、茶名的茶谜。例如，“冷水里无动于衷，沸水里馨香浓浓”“生在山中，一色相同。泡在水中，有绿有红”“生在山上，卖到山下，一到水里，就会开花”等茶物谜都以茶叶为谜底；“颈长嘴小肚子大，头戴圆帽身披花”“一只没脚鸡，蹲着不会啼，吃水不吃米，客来把头低”“山顶一只猴，客人一到就点头”等茶物谜都以茶壶为谜底，它们运用比喻的手法将茶壶的特征描绘得形象、生动，趣味十足。

又如，“冰山上月色朦胧”（谜底为“冻顶乌龙”）、“植树种草多提倡”（谜底为“宜兴绿茶”）、“山中无老虎”（谜底为“猴魁”）、“大家听潮品香茗”（谜底为“普洱茶”）、“风满楼”（谜底为“雨前茶”）都以茶名或名茶为谜底。这些茶谜短小精悍，意蕴丰富，十分有趣。

 茗香漫谈

茶谜故事

我国流传着很多与茶谜相关的故事，其中最为人所熟知的是“小徒弟买茶”和“唐伯虎以谜会友”的故事。

小徒弟买茶

相传，有一人嗜茶如命，他与一个杂食店的老板是谜友，平时喜欢以谜会话。一天晚上，这个人茶瘾、谜兴齐发，可寻遍家里，也不见半点茶叶。于是，他便让小徒弟穿上木屐、戴着草帽去杂食店里买茶。杂食店的老板一看小徒弟的装束，迅速拿出茶叶叫小徒弟带回去。原来，这是一个形象生动的茶谜：小徒弟戴着草帽是为“草”字，小徒弟为人，暗含“人”字，穿上木屐是为“木”字，组合起来显然是个“茶”字。

唐伯虎以谜会友

有一次，祝枝山刚踏进唐伯虎的书斋，就被唐伯虎邀请品茶猜谜。两人立下赌约，若祝枝山能猜中，唐伯虎就得捧出佳茗招待祝枝山。唐伯虎出的谜面为“言对青山青又青，两人土上说原因。三人牵牛缺只角，草木之中有一人”。不消片刻，祝枝山就得意地敲敲

茶几，说：“倒茶来！”唐伯虎观他所为，便知他猜得不错，于是把祝枝山推到太师椅上坐下，并示意家童将上好的新茶沏好奉上。原来，此茶谜的谜底正是“请坐，奉茶”。

（资料来源：王旭烽，《茶的故事》，浙江摄影出版社，2014年）

任务测评

以下题目为不定项选择题，请仔细审题，并作答。

1.“平地有好花，高山有好茶”“土厚种桑，土酸种茶”“向阳好种茶，背阴好插柳”都属于（　　）。

A．茶诗　　B．茶谚　　C．茶联　　D．茶谜

2.（　　）的特点是对偶工整、平仄协调。

A．茶诗　　B．茶谚　　C．茶联　　D．茶谜

3.“嘴尖肚大耳偏高，才免饥寒便自豪。量小不堪容大物，两三寸水起波涛”的谜底是（　　）。

A．茶壶　　B．茶盘　　C．茶匙　　D．茶杯

模块实训

茶文学艺术作品展

【实训目的】

通过举办茶文学艺术作品展，了解作品的创作背景及茶文化的发展状况，感受文学艺术作品的魅力，提升文学素养。

【实训时间】

40分钟。

【实训准备】

（1）全班学生每4～6人一组，组成若干小组。

（2）各组收集与茶相关的文学艺术作品，体裁不限，如茶书、茶诗、茶谚、茶联、茶谜、茶画、茶歌、茶舞、茶戏等。

【实训方法】

小组讨论，展览与解说，实践总结PPT。

【实训步骤】

（1）各组讨论，确定本组选择的作品类型，并明确任务的基本流程。

（2）小组成员轮流介绍自己选择的文学艺术作品，然后，各组选出一件作品代表本

组参加展会。

（3）各组确定作品介绍的内容及形式：① 确定介绍内容，包括作品的创作背景、作品内容及其解读等；② 确定介绍形式，可选择视频、录音、绘画、PPT 等形式。

（4）举办班级展会：① 布置。将教室作为展厅，将其划分为不同区域并进行适当装饰。然后，各组将本组作品放到对应区域。② 展示。在展会各区域，小组成员轮流介绍本组作品。③ 讨论。小组成员认真欣赏其他小组的作品，并与其他小组成员进行交流和讨论。

（5）展会结束后，各组讨论本组在展会中的优点与不足。

（6）小组成员根据实践活动经历撰写心得体会，并按时提交。

模块评价

本模块的学习已告一段落，请同学们结合理论知识的学习情况，课前、课中和课后的任务完成情况，以及素质目标的达成情况 3 个方面，按照表 3-1 的评价标准对本模块的学习效果进行自评和互评，并请教师进行总体评价。

表 3-1　综合评价表

评价项目	评价内容	分值	得分		
			自评	互评	师评
知识评价	能够列举 5 首不同类型的茶诗	10			
	能够简要介绍茶诗的基本发展历程	10			
	能够举例说明茶谚、茶联和茶谜的特点	15			
技能评价	能够背诵茶诗（至少 5 首）、茶谚（至少 3 条）、茶联（至少 3 副）和茶谜（至少 3 个）	15			
	能够在合适的场合恰当引用茶诗、茶谚、茶联和茶谜	15			
	能够积极完成课后实训活动，根据实训情况进行反思与总结，并撰写实践体会	15			
素质评价	通过对茶与文学作品的深入分析，激发创新思维，培养独立思考和解决问题的能力	10			
	深入了解茶文化的历史、内涵及精神价值，提升对中华优秀传统文化的认知与自豪感，提升文学素养	10			
合计		100			
总分	自评（30%）+互评（30%）+师评（40%）=				

专题二

茶树识鉴与茶叶探秘

模块四

茶树概览

茶树，作为一种与中华民族历史紧密相连的植物，其背后蕴含着丰富的文化内涵和生态智慧。从根茎到叶片，它的每一部分都是自然赋予的宝贵资源，承载着生命的传承与文化的积淀。深入探究茶树的起源、历史演变及生长特性，不仅能加深对茶的认识，还能深刻感受茶文化对国人生活的深远影响。

学习目标

知识目标：

- 了解茶树的演化，掌握不同茶树类型之间的差异。
- 认识茶树的基本形态特征。
- 熟记适宜茶树生长的环境条件。

能力目标：

- 能够准确描述茶树各部位的主要形态特征。
- 能够识别并评估茶树生长所需的环境条件。

素质目标：

- 培养细致的观察能力。

模块导入

茶树猜猜猜

图 4-1 中展示了 6 张不同类型植物的照片，它们都展现了自身的独特魅力。请你根据自己的认识，从这几张照片中挑选出茶树的照片。

(a)

(b)

(c)

(d)

(e)

(f)

图 4-1 植物照片

问题与思考：

你能从这几张照片中准确辨别出茶树吗？它们与照片中其他植物的最大区别是什么？

任务一　了解茶树的演化与分类

一、茶树的起源

茶树是一种常绿木本植物，在植物分类学上属于双子叶植物纲、山茶目、山茶科、山茶属。茶树的原产地在中国西南地区，中国是世界上最早利用茶树并对茶树进行人工栽培的国家。这一论断得到了考古学、古植物学、地质学、细胞遗传学和语言学等多个学科的研究成果支持。与此同时，丰富的历史遗存也印证了茶树与中华民族之间的紧密联系。

首先，从茶树的自然分布来看，中国西南地区是野生大茶树数量最多、分布得最集中的地方，是茶树近缘植物的地理分布中心。这证明了我国西南地区就是茶树的发源地。

其次，从进化学的角度来看，原始型茶树比较集中的地区当属茶树的原产地。植物学家和茶学工作者经过调查研究发现，我国的四川、云南、贵州及其相邻地区的野生茶树具有原始型茶树的形态特征。这证明了中国西南地区是茶树的发源地。

最后，从地质变迁的角度来看，一个物种在哪个地方变异得最多，哪个地方就是该物种的发源地。中国西南地区群山起伏，河谷纵横交错，地形地貌复杂，海拔垂直落差大，从而形成了繁多的小地貌区和小气候区。在这种情况下，生长在这里的茶树为适应不同的气候而发生了种内变异（即同种生物不同个体之间的遗传变异），形成了多种树型的茶树。由此可见，我国西南地区茶树变异最多、茶树资源最丰富，理应是茶树的发源地。

二、茶树的演化

茶树的演化是自然选择和人类活动共同作用的结果。野生茶树历经数百万年的自然选择，逐渐形成了多样化的品种。同时，随着人类对茶叶需求的日益增长，人们开始有意识地栽培和选育茶树，这一过程又加速了茶树的演化。

茶树的演化主要表现在树型、树干、叶片、花瓣、果皮及酚氨比等多个方面，如树型由乔木型变为小乔木型和灌木型，树干由中轴变为合轴，叶片和花冠由大变小，花瓣由丛瓣变为单瓣，果实由多室变为单室，果皮由厚变薄，酚氨比由大变小等。野生型茶树与栽培型茶树主要性状的对比如表 4-1 所示。

表 4-1　野生型茶树与栽培型茶树的主要性状

项目	野生型茶树	栽培型茶树
树型	乔木型或小乔木型，树姿多直立	小乔木型或灌木型，树姿多开张或半开张
幼嫩芽叶	越冬芽鳞片 3～5 枚或更多，芽叶无毛或少毛	越冬芽鳞片 2～3 枚，芽叶多毛或少毛

续表

项目	野生型茶树	栽培型茶树
成熟枝叶	叶片大，叶面角质层较厚，叶片硬脆，枝条有腥臭味	叶片大小差异大，大、中、小叶均有，叶面角质层较薄，叶片柔软
花	花冠直径 4～8 厘米，花瓣 8～15 枚，子房有毛或无毛，花柱 3～5 裂	花冠直径 2～4 厘米，花瓣 5～8 枚，子房多数有毛，花柱 3 裂居多
生化成分	儿茶素、氨基酸等含量普遍较低	儿茶素、氨基酸等含量普遍较高

三、茶树的类型

（一）按照树型分类

茶树形态丰富多样。依据茶树主干分枝部位的不同，茶树的树型可以分为乔木型、小乔木型和灌木型 3 种，如图 4-2 所示。

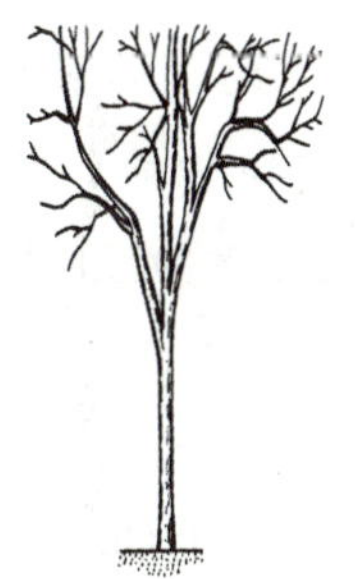

乔木型茶树

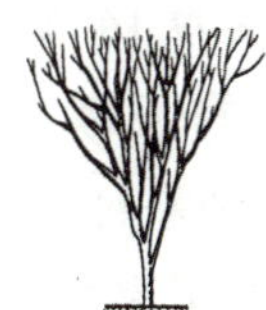

小乔木型茶树

灌木型茶树

图 4-2　茶树树型

乔木型茶树的植株一般很高大，一般树高 3～10 米，分枝部位高，植株基部至顶部的主干明显，枝叶稀疏。乔木型茶树多为野生古茶树，主要分布于我国西南地区。

茶树的类型

小乔木型茶树的植株比乔木型茶树低，树高多为 2～3 米，分枝部位离地面较近，植株基部至中部的主干明显，分枝较稀，主要分布于热带或亚热带的茶区。

灌木型茶树植株低矮，自然状态下树高多为 1.5～3 米，由植株基部开始分枝，无明显主干，分枝较密，主要分布于我国中部、东部与北部茶区。

（二）按照叶片分类

按照叶片大小（主要指长度和宽度），可将茶树分为特大叶类、大叶类、中叶类和小叶类，如表 4-2 所示。

表 4-2 茶树类型（按叶片大小分）

项目	特大叶类	大叶类	中叶类	小叶类
叶长	14 厘米以上	10～14 厘米	7～10 厘米	7 厘米以下
叶宽	5 厘米以上	4～5 厘米	3～4 厘米	3 厘米以下

茗香漫谈

世界上最大的古茶树

我国共有古茶树 5 624.26 万株（包括树龄不足百年的野生型茶树），主要分布在云南、贵州、广西、重庆、四川等地区，其中 97.7%的古茶树集中在云南。云南被誉为全球独一无二的古茶树王国，境内拥有世界上最大的野生古茶树和栽培型古茶树。

世界上最大的野生古茶树：千家寨 1 号

位于云南省千家寨哀牢山海拔 2 450 米的原始森林中的“千家寨 1 号”古茶树，是目前世界上发现的最大、最古老的野生型古茶树。该树树龄约为 2 700 年，树高达 25.6 米，干径为 0.9 米，叶片平均长度为 14 厘米，平均宽度为 5.8 厘米。

世界上最大的栽培型古茶树：锦秀茶尊

在云南省临沧市凤庆县小湾镇锦秀村海拔 2 245 米的地方，生长着一棵树龄约 3 200 年的古茶树。这棵树是目前世界上发现的最古老、最大的人工栽培型古茶树。树高 10.6 米，树冠南北延伸 11.5 米，东西延伸 11.3 米，根径 1.84 米，树围 5.84 米，被誉为“锦秀茶尊”。

（资料来源：叶青，《普洱古茶树之最》，界面新闻，2017 年 4 月 25 日）

任务测评

以下题目为不定项选择题，请仔细审题，并作答。

1. 茶树的演化历程主要受到（　　）两方面因素的共同影响。

   A. 气候与土壤条件　　B. 光照与水分需求

   C. 自然选择与人类活动　　D. 品种改良与市场推广

2. 依据茶树主干分枝部位的不同，茶树的树型可以分为乔木型、小乔木型和（　　）。

   A. 半乔木型　　B. 灌木型

   C. 藤本型　　D. 大叶类

任务二 认识茶树的主要器官

陆羽在《茶经》中运用各种类比生动形象地描述了茶树的生物学特征："其树如瓜芦，叶如栀子，花如白蔷薇，实如栟榈，蒂如丁香，根如胡桃。"①茶树主要由根、茎、叶、花、果实等器官构成，各器官承担着不同的生理功能。

茶树的主要器官

一、根

茶树的根系结构复杂而有序，主要由主根、侧根、吸收根及根毛组成。这些组成部分在茶树的生长过程中各司其职，并展现出向肥性、向湿性、忌渍性、向土壤阻力小方向生长的特性。

主根作为茶树根系的主体，通常可垂直深入土层 2~3 米，但栽培的灌木型茶树根系深度一般约为 1 米。侧根是主根在生长过程中不断产生的分枝。主根与侧根的颜色多为棕灰色或红棕色，它们寿命长，能起到固定茶树、吸收和输送水分及养分的作用。吸收根是主根和侧根上着生的细小根，它们寿命短，主要作用是吸收水分和无机盐。吸收根的表面密生着根毛，能大大增加茶树根系的吸收面积。

此外，根据生长位置的不同，茶树的根又可分为定根与不定根两大类。定根是指在茶树的固定位置生长的根，包括主根和各级侧根。不定根是指无固定生长位置的根，它们通常从茶树的茎部或其他非根部位置生长出来。

二、茎

茶树的茎是连接根部与叶、花、果实的轴状结构，由主干、主轴、骨干枝和细枝等部分构成，负责输送水分、无机盐和有机养分。

根据发育成熟程度的不同，茶树的茎可分为新梢和枝条两种类型。新梢是茶树刚长出的柔软嫩枝，初为嫩绿色，表面覆盖茸毛。随着时间的推移，新梢会逐渐木质化，硬度增加，表皮颜色会从青绿色逐渐变为浅黄色，在成熟后呈红棕色。与之相对，枝条为茶树成熟的老枝，已完全木质化。

茶树的枝条根据其生长位置和功能的不同，可以分为主干和侧枝。主干是茶树的主要支撑结构，侧枝则从主干上生长出来。侧枝根据其粗细和作用的不同，可进一步分为骨干枝和细枝。其中，骨干枝较为粗壮，主要作用是支撑和扩展树冠；细枝则相对细弱，主要作用是辅助叶子进行光合作用并传输养分。

① 杜斌译注：《茶经；续茶经》，中华书局，2020。

三、叶

叶是茶树进行呼吸、蒸腾、光合作用的主要器官，也是制作茶的原料。茶树的叶（见图 4-3）通常为单叶互生，叶片表面有蜡质，叶片边缘有锯齿，叶片形状有披针形、椭圆形、长椭圆形、卵形、圆形等，叶脉呈闭合性网状且主脉明显，叶片背面长有绒毛，称为“毫”，绒毛越多，表示叶片越嫩。

图 4-3　茶树的叶

茶树的叶由茶树枝条上的芽发育而来。根据发育程度和形态的不同，茶树的叶可分为鳞片、鱼叶和真叶。

鳞片无叶柄，色褐，叶面内折，质地较硬，包裹在茶芽的外面，表面生有茸毛和蜡质，能够保护茶芽免遭害虫的侵入，还能够降低芽内的蒸腾作用。随着芽体的生长，鳞片会自然脱落，之后会长出鱼叶和真叶。

鱼叶是未发育完全的叶子，叶质厚而硬脆，叶柄宽而扁平，叶全缘或前端锯齿不明显，因形如鱼鳍而得名。一般来说，每个新梢（由茶树的叶芽生长发育而成的幼嫩树梢）基部都会有一片鱼叶。

真叶是茶树完全发育的叶子，是制茶的关键原料。它们通常呈椭圆形或卵形，颜色有淡绿色、绿色、深绿色、黄绿色等。真叶边缘通常有 20～30 对锯齿，且锯齿的大小和疏密程度各异。真叶的叶脉中，从叶柄延伸至叶尖的是主脉；主脉分出的是侧脉，侧脉的数量通常为 8～12 对，多则 10～15 对，少则 5～7 对；侧脉会再分出许多细脉。侧脉以与主脉成 45°以上的角度向叶缘延伸，在叶缘的 2/3 处呈弧形向上弯曲，与上方侧脉及其分出的细脉相互交织，从而形成网状结构。

四、花

茶树的花是由着生在新梢的腋芽分化为花芽而长成的，为两性花（即一朵花同时具有雌蕊和雄蕊），微有芳香。茶花花冠多为白色，少数呈淡黄色或粉红色，通常由 5～9 片花瓣组成，分 2 层排列。茶花的大小不一，大的直径一般为 5～5.5 厘米，小的直径一般为 2～2.5 厘米。

茶树的生长周期较长，从花芽开花到果实成熟大约需要 16 个月。在我国，大部分茶区的茶树在 5～6 月份出现花芽分化，9 月开花，10 月进入盛花期，12 月进入终花期，次年 10 月后果实成熟。因此，在 6 月到 10 月期间，一棵茶树上既会有当年的花和蕾，又会有上一年的果实。这种独特的现象被称为“花果同株”或“带子怀胎”（见图 4-4）。

图 4-4 “带子怀胎”

五、果

茶树的果实为蒴果，一般有 3 室，每室含 1 粒或 2 粒种子，如图 4-5 所示。茶树的果实一般在霜降前后成熟，果壳未成熟时为绿色，成熟时为棕绿色或绿褐色，并且开裂。茶树果实的形态有球形、肾形、三角形、正方形、梅花形等，内部种子颜色多为棕褐色，也有少数呈黑色或黑褐色。

图 4-5 茶树的果实

任务测评

以下题目为不定项选择题，请仔细审题，并作答。

1．茶树的根由主根、侧根、（　　）和根毛组成。

A．吸收根　　B．侧脉
C．定根　　D．不定根

2．下列选项中，不属于茶树根系特点的是（　　）。

A．向肥性　　B．向湿性
C．忌渍性　　D．向土壤阻力大的方向生长

3．下列选项中，不属于茶叶特征的是（　　）。

A．叶片边缘有锯齿　　B．叶片形状只有椭圆形
C．嫩叶片上覆有茸毛　　D．叶片表面有蜡质

4．依据分化程度的不同，茶树叶片可以分为（　　）。

A．鱼叶　　B．鳞片
C．真叶　　D．腋芽

5．在（　　）月，人们有机会在茶树上看到“花果同株”“带子怀胎”的现象。

A．2　　B．4
C．9　　D．1

任务三　分析茶树的适生环境

茶树需要适宜的土壤、温度、光照和水分等条件才能更好地生长。在选择茶园地点和进行茶树栽培管理时，这些条件都必须得到重视。

一、土壤

茶树适宜在发育程度较高，结构良好的土壤中生长，如砖红壤、赤红壤、山地红壤、山地黄壤、砂壤土、棕壤等。茶树是喜酸性土壤的作物，最适宜其生长的土壤 pH 值（氢离子浓度指数）范围为 4.5～5.5；茶树对钙质敏感，若土壤中活性钙含量超过 0.2%，茶树就可能会生长缓慢，甚至死亡。

茶树的适生环境

二、温度

茶树的生长对温度有一定的要求。茶树喜暖，大多数茶树品种在日平均气温稳定在10℃以上时，才开始萌发茶芽。当气温升至14～16℃时，茶芽逐渐展开成嫩叶。茶树的生长温度不能过低或过高。若日平均气温低于10℃，则茶芽将停止萌发，进入休眠状态；若气温超过40℃，则茶树容易死亡。

三、光照

光照能够促进茶树的光合作用，对茶树的生长、茶叶的产量和品质都有着明显的影响。若光照充分，则茶树生长迅速，发育健全，叶片会长得比较肥厚、坚实，叶色相对较深，叶内多酚类化合物含量较高，制成的茶叶滋味浓厚；反之，若光照不足，则叶片薄，叶色浅，茶叶滋味淡薄。需要注意的是，如果光照过强，则茶树的生长也会受到抑制。茶树虽喜光但怕直晒。在空旷的全光照条件下生长的茶树，叶形小、叶片厚、叶质硬脆。用这种茶树的树叶制成的茶叶往往品质不佳。

四、水分

茶树喜潮湿。一般来说，年降雨量在1 500毫米左右，月降雨量在100毫米以上，雨量分布均匀且相对湿度保持在85%左右的地区最适宜茶树生长。在这样的条件下，茶树的新梢叶片能够长得大而细嫩，从而提高茶叶的产量。但需要注意的是，如果茶树生长在长期积水、排水不良的低洼地带，其根系发展会受到阻碍，可能出现霉烂和坏死的情况。因此，排水良好的环境对茶树的生长至关重要。

任务测评

以下题目为不定项选择题，请仔细审题，并作答。

1．茶树适宜在土质疏松，排水良好的土壤中生长，且以土壤酸碱度pH值在（　　）之间为最佳。

A．6.5～7.5　　B．5.5～6.5

C．4.5～5.5　　D．3.5～4.5

2．茶树在（　　）的光照条件下，茶叶品质最佳。

A．光照过强　　B．光照不足

C．充足光照　　D．直射阳光

模块实训

茶园生态考察

【实训目的】

（1）认识茶树的生物学特性，包括其枝、叶、花、果的形态特征。

（2）了解茶园的生长环境，包括土壤、光照等基本条件。

（3）培养观察自然、分析现象的能力，并增强生态环保意识。

【实训时间】

3 小时（上午 9:00—12:00），可视实际情况适当调整。

【实训场所】

当地茶园或学校小型茶树种植区。

【实训器具】

（1）放大镜：用于观察茶树细节。

（2）土壤颜色观察板：用于简单评估土壤颜色。

（3）温度计：用于测量茶园空气及土壤的温度。

（4）便携式定位仪（可选）：用于记录茶园的地理位置。

（5）笔记本与笔：用于记录观察数据与心得。

【实训方法】

（1）观察法：使用放大镜观察茶树的枝、叶、花、果的形态；通过观察树荫与阳光直射区域的对比，了解光照对茶树的影响。

（2）测量法：利用温度计等工具测量茶园的环境参数。

（3）访谈法：与茶园工作人员交流，了解茶树种植和茶园管理经验。

【实训步骤】

（1）集合与安全教育（9:00—9:15）：所有参与者集合，进行安全教育，分发实训器具。

（2）茶园环境概览（9:15—10:00）：参观茶园，了解茶园布局、茶树品种等基本信息。

（3）茶树形态观察（10:00—10:45）：分组进行，每组选取不同区域的茶树，使用放大镜细致观察并记录。

（4）环境参数测量（10:45—11:15）：分组进行环境参数测量，并记录数据，包括土壤温度、空气温度等。同时，观察比对土壤颜色。

（5）讨论与总结（11:15—11:45）：所有参与者分享观察与测量的结果，讨论不同环境因素对茶树生长的影响。

（6）撰写实践报告（课外完成）：根据实训过程与结果，撰写实践报告，包括观察记录、数据分析、心得体会等。

【注意事项】

（1）确保所有活动在相关工作人员的指导下进行，遵守相关规定。

（2）注意个人安全，避免在茶园种植区中随意走动，以防破坏茶树生长环境或发生意外。

（3）实训结束后，清理现场，恢复原状。

模块评价

本模块的学习已告一段落，请同学们结合理论知识的学习情况，课前、课中和课后的任务完成情况，以及素质目标的达成情况 3 个方面，按照表 4-3 的评价标准对本模块的学习效果进行自评和互评，并请教师进行总体评价。

表 4-3 综合评价表

评价项目	评价内容	分值	得分		
			自评	互评	师评
知识评价	能够简要概括茶树的演化内容	10			
	能够简要阐述不同茶树类型之间的主要差异	10			
	能够阐明茶树的基本形态特征，包括根、茎、叶、花、果实等部分的结构与功能	15			
	能够简要概括适宜茶树生长的环境条件	15			
技能评价	能够准确描述茶树各部位的主要形态特征	15			
	能够识别并评估茶树生长所需的环境条件，判断某一地区是否适合种植茶树	15			
素质评价	具备细致的观察能力，善于观察茶树的生长状况与环境变化	10			
	积极参与实践活动，具备良好的信息搜集能力和沟通能力	10			
合计		100			
总分	自评（30%）+互评（30%）+师评（40%）=				

模块五

茶叶的采摘与分类

自古以来，茶叶的采摘与分类便是茶叶生产链中两个至关重要的环节，它们如同开启茶叶品质之门的钥匙，影响着每一片茶叶的风味与价值。

学习目标

知识目标：

- 熟悉中国四大茶区的基本特点。
- 掌握茶叶采摘的基本原则和方法。
- 学习常见的茶叶分类方法，掌握六大茶类的分类依据。

能力目标：

- 能够将茶区知识应用于实际茶事工作中。
- 能够根据茶叶的特点，采用恰当的采摘技术进行采摘。
- 能够准确判断茶叶的类别。

素质目标：

- 能够深入理解并践行可持续发展的理念，尊重茶树的生长周期，保护茶树的生长环境。

模块导入

跨越百年的“十大名茶”

“十大名茶”代表了中国茶叶品质与生产制作工艺的高超水平。在历史的长河中，不同时期、不同地区的人们用独特的视角和标准，评选出了自己心目中能代表茶叶精髓的“十大名茶”。

1915 年，在巴拿马万国博览会上，洞庭碧螺春、信阳毛尖、西湖龙井、君山银针、黄山毛峰、武夷岩茶、祁门红茶、都匀毛尖、六安瓜片、安溪铁观音被列为中国十大名茶。

1999 年，《解放日报》将江苏碧螺春、西湖龙井、安徽毛峰、六安瓜片、恩施玉露、福建铁观音、福建银针、云南普洱茶、福建云茶、江西云雾茶列为中国十大名茶。

2001 年，美联社和《纽约日报》将黄山毛峰、洞庭碧螺春、蒙顶甘露、信阳毛尖、西湖龙井、都匀毛尖、庐山云雾、安徽瓜片、安溪铁观音、苏州茉莉花茶列为中国十大名茶。

2002 年，《香港文汇报》将西湖龙井、江苏碧螺春、安徽毛峰、湖南君山银针、信阳毛尖、安徽祁门红茶、安徽瓜片、都匀毛尖、武夷岩茶、福建铁观音列为中国十大名茶。

2017 年 5 月 20 日，首届中国国际茶叶博览会推选的“中国十大茶叶区域公用品牌”为西湖龙井、信阳毛尖、安化黑茶、蒙顶山茶、六安瓜片、安溪铁观音、普洱茶、黄山毛峰、武夷岩茶、都匀毛尖。

问题与思考：

你听说过上述茶叶吗？从不同的评选结果来看，“十大名茶”在地理分布上有哪些特点？

任务一 了解中国茶区的分布

我国茶区的分布范围很广，西起西藏，东至台湾，南至海南，北抵山东，覆盖了 20 多个省区市。

茶区分布

为了便于茶叶的管理和研究，我国将茶区划分为 3 个级别：一级茶区，是全国性的划分，用于宏观指导；二级茶区，由各省（自治区、直辖市）自行划分，以指导区域内的茶叶生产；三级茶区，由各地县具体划分，以对茶叶生产进行精细化指导。

1982年，全国茶叶区划研究协作组依据地域差异、产茶历史、品种分布、茶类结构及生产特点等因素，对国家一级茶区进行了划分，确定了西南、华南、江南、江北四大茶区。

一、西南茶区

西南茶区位于我国西南部，包括贵州省、云南省、四川省、重庆市及西藏自治区东南部等地，是我国最古老的茶区。具体来说，该茶区的特点如下。

（1）气候：该茶区大部分地区属亚热带季风气候，冬季较为温暖；年降水量在1 000毫米以上，空气相对湿度保持在80%以上。

（2）土壤：该茶区土壤状况较为适合茶树生长。其中，四川省、贵州省和西藏自治区东南部以黄壤为主，云南多为赤红壤和山地红壤。

（3）适制茶叶：该茶区栽种的茶树多为灌木型和小乔木型，主要生产红茶、绿茶、黄茶、黑茶和花茶等。

（4）名茶：都匀毛尖、峨眉竹叶青、滇红工夫、川红工夫、普洱熟茶等。

二、华南茶区

华南茶区位于我国南部，包括广东、广西、福建、台湾、海南等省、自治区，是我国最适宜茶树生长的区域。具体来说，该茶区的特点如下。

（1）气候：该茶区气候温暖湿润，为中国气温最高的茶区，南部为热带季风气候，北部为亚热带季风气候，年平均气温为19～22℃，年降水量一般为1 200～2 000毫米。

（2）土壤：该茶区的土壤以砖红壤为主，部分地区有红壤、黄壤分布，土层深厚，有机物含量高，土壤pH值范围通常为5.0～5.5，十分适合茶树生长。

（3）适制茶叶：该茶区有乔木型、小乔木型、灌木型等各种类型的茶树品种，茶类结构丰富，有红茶、乌龙茶、黑茶和花茶等。

（4）名茶：英德红茶、铁观音、冻顶乌龙、六堡茶、茉莉花茶等。

三、江南茶区

江南茶区位于长江中下游的南部，包括浙江、湖南、江西等省和安徽、江苏、湖北三省南部等地，是我国茶叶的主要产区，也是绿茶产量最高的茶区。具体来说，该茶区的特点如下。

（1）气候：该茶区气候温和湿润，北部为中亚热带季风气候，南部为南亚热带季风气候，年平均气温为15～18℃，雨量充沛并集中于春夏季，年降水量一般为1 100～1 600毫米，空气相对湿度在80%左右。

（2）土壤：该茶区的土壤多为红壤，部分为黄壤或棕壤，土壤 pH 值范围通常为 5.0～5.5。

（3）适制茶叶：该茶区种植的茶树以灌木型中小叶种茶树为主，也有小乔木型茶树，生产的主要茶类包括绿茶、红茶、乌龙茶、黑茶、白茶、黄茶等，以绿茶为主。

（4）名茶：祁红工夫、西湖龙井、六安瓜片、恩施玉露、洞庭碧螺春、安化黑茶、大红袍、白毫银针等。

四、江北茶区

江北茶区位于长江中下游北部，包括河南、陕西、甘肃、山东等省和安徽北部、江苏北部、湖北北部等地，是我国最北部的茶区。具体来说，该茶区的特点如下。

（1）气候：该茶区属北亚热带和暖温带季风气候，年平均气温通常为 13～16℃，最低气温一般为−10℃，极端最低可达−15℃，年降水量一般不超 1 000 毫米，是我国茶区中降水最少的茶区。

（2）土壤：该茶区的土壤多为黄棕壤，部分地区为棕壤，土壤 pH 值范围通常为 6.0～6.5。

（3）适制茶叶：该茶区种植的茶树多为灌木型中叶种和小叶种，主要出产绿茶和红茶。

（4）名茶：信阳毛尖、崂山绿茶、午子仙毫等。

茗香漫谈

茶叶变“金叶”，铺就致富路

阳光照耀下，广西玉林市兴业县山心镇蓬塘村的茶园充满生机。茂密的茶树层层叠叠，一垄垄茶田整齐排列。一名女子手挎篮子，在茶田间来回穿梭，手指上下翻飞，忙着采摘茶叶。她就是全国五一劳动奖章获得者杨青梅。

兴业县蓬塘村的茶叶资源丰富，几乎每家每户都种植茶树。之前，由于技术落后、茶树养护措施不到位等因素的影响，这里生产的茶叶质量参差不齐，只能廉价卖给附近的茶叶加工厂。

“茶叶是我们村的资源，怎么才能把茶山变成金山银山呢？”身在外地，杨青梅却一直惦记着家乡那片茶园。

2016 年，听说玉林市一培训学校为村里培养手工茶加工师，杨青梅马上辞去工作赶回来报名，开始在培训学校学习制作手工茶。经过日复一日的练习，杨青梅熟练掌握了手工茶制作工艺。同年，杨青梅加入了兴业县一千茶农茶叶种植专业合作社，在合作社里学习茶园管理、茶叶加工、茶叶审评等相关知识和技术，使自己的茶园管理水平、茶叶加工技术水平和茶叶生产销售能力都得到了很大的提升。

之后，杨青梅把自己学到的技术和总结的经验无偿传授给村里的茶农。在她的指导下，茶农的茶园管理水平与茶叶加工、辨别、品鉴等方面的能力都得到了提高，茶农制作的手工茶质量和价格均明显上升。蓬塘村的村民们逐渐实现了在家门口自主创业致富的目标。

杨青梅说，她希望让家乡的茶叶之路越走越宽，越走越广。

（资料来源：党雪梅，《将“兴业茶”送进千万家——记广西五一劳动奖章获得者杨青梅》，《玉林日报》，2022 年 5 月 6 日）

任务测评

（一）不定项选择题

1．在我国四大茶区中，降水最少的茶区是（　　）。

A．江北茶区　　B．华北茶区　　C．华东茶区　　D．华中茶区

2．以下省份中属于西南茶区的是（　　）。

A．云南　　B．湖南　　C．浙江　　D．广东

3．江北茶区由于地质条件和气候等原因，分布的茶树主要是（　　）。

A．灌木型大叶种　　B．乔木型大叶种

C．灌木或小乔木型中叶种　　D．灌木型中叶种和小叶种

（二）填空题

中国的茶区划分主要依据地理环境特点，涵盖了不同的地区和适制的茶类。请你结合所学知识，填写表 5-1。

表 5-1　中国茶区特点

茶区	地理环境特点	地区分布	适制茶类
西南茶区			
华南茶区			

续表

茶区	地理环境特点	地区分布	适制茶类
江南茶区			
江北茶区			

任务二 熟悉茶叶的采摘方式

茶叶采摘既是茶叶的收获过程，也是茶叶增产提质的重要栽培管理技术措施。茶叶的采摘方式不仅会直接影响茶叶的产量和品质，还会影响茶树的生长状况和经济利用年限。因此，掌握科学的茶叶采摘方式至关重要。

一、采摘时间

（一）采摘季节

我国现有茶区地跨中热带、边缘热带、南亚热带、中亚热带、北亚热带和暖温带等6个气候带，茶树的生长有明显的季节性特征。每年各茶区适合采茶的时间，短的至少有5个月，长的可达10个月，甚至10个月以上。一般来说，地处亚热带的茶区，大部分在春、夏、秋这3个季节采茶。

（二）开采期

开采期是指一年中适合采摘茶叶的特定时间段。在手工采摘的条件下，茶树开采期宜早不宜迟，以略早为佳。特别是对于春茶而言，由于茶树在冬季积累了丰富的营养，春季一旦条件适宜，新梢便会迅速生长。若未能准确把握开采时机，则不仅会导致芽叶成熟度不一，茶叶品质降低，还可能会影响后续芽叶的正常生长。

对于常规的手工采摘大宗红茶和绿茶，其春茶的采摘通常在树冠面上10%～15%的新梢达到采摘标准时开始，而夏秋茶则在5%～10%的新梢达到采摘标准时即可采摘。对于乌龙茶，其春茶的开采则更为谨慎，需等到树冠面上60%～70%的新梢达到采摘标准才可采摘，而夏秋茶则在40%～60%的新梢达到采摘标准时进行采摘。

（三）停采期

停采期，又称封园期。茶园封园时间的早晚要根据环境条件和茶树长势而定。通常冬季气候温暖，管理水平高，茶树长势旺盛的茶园，原则上可采到最后一轮新梢为止；反之，则要提早封园。

二、采摘标准和原则

（一）采摘标准

长期的生产实践表明，茶叶的采摘标准因茶类不同而有所差异。

名优茶（品质优良、口感独特、具有一定知名度和影响力的茶叶）通常依据细嫩采标准进行采收，即采摘单芽、一芽一叶及一芽二叶初展的新梢，如图5-1所示。这种采摘标准能够保证茶叶的细腻口感和高品质。

图5-1 细嫩采标准示例

大宗茶（产量较大、市场交易量较多的茶叶）通常依据适中采标准进行采收，即在新梢生长到一定程度时，采摘一芽二叶或一芽三叶的细嫩对夹叶。这种采摘标准既保证了茶叶的产量，也兼顾了茶叶的品质。

乌龙茶的加工工艺独特，需要采摘更为成熟的叶子。因此，乌龙茶通常采用开面采标准进行采收，即待新梢长到3～5片叶快成熟开面时，采摘2～4片叶或同等嫩度的对夹叶。这种采摘标准对于乌龙茶独特的半发酵工艺至关重要，能够使其呈现出特有的香气和口感。

（二）采摘原则

我国茶区分布广泛，生态环境与生产条件千差万别，因此孕育了丰富的茶类。针对不同茶类，各地的采摘标准和采摘方法也不同。但总体来说，采摘茶叶时应遵循以下几个原则。

1．因地制宜，精准采摘

采摘活动应根据地理位置、季节变化及茶树生长状况等情况的不同进行灵活调整，确保从新梢采摘的芽叶能够满足特定茶类加工的基本原料要求。

2．质量与数量并重

在采摘过程中，应追求茶叶品质与产量的双重优化，既要保证茶叶的高品质，又要兼顾经济效益，以实现可持续发展。

3．采养结合

在采摘时，应注重茶树的养护，适当留叶以保持茶树的生长势头，避免过度采摘对茶树造成损害，从而确保茶树的长期健康生长和茶叶生产的可持续性。

4．技术结合

采茶活动应与施肥、修剪等栽培技术措施相结合，以保证茶树萌发出数量多、质量优的新梢，满足茶叶采收的需要。

三、采摘技术

茶叶采摘技术是茶农们长期实践的智慧结晶，主要包括手采技术和机采技术两大类。

（一）手采技术

1．提手采

提手采是手工采摘茶叶的一种普遍且传统的方式，广泛应用于大部分茶区红茶与绿茶的采摘中。该方式要求掌心向下，用拇指、食指配合中指，轻轻夹住新梢上需要采摘的部位，然后向上用力，采下芽叶，如图 5-2 所示。使用此方法时，切忌直接用指甲掐断新梢，以免产生红梗，影响茶叶品质。

（a）

（b）

图 5-2　提手采

2．工具采

工具采是指茶农使用剪刀或小刀等专用工具来剪切茶叶的一种常见茶叶采摘方式。这种采摘方式能够提高采摘效率，减轻茶农的劳动强度。

（二）机采技术

近年来，机械化采茶技术在我国茶叶生产中逐渐普及。该技术既有效缓解了劳动力紧张问题，又大幅提升了茶叶采摘效率，降低了茶叶生产的成本，从而增加了茶叶生产的经济效益。

在茶园中，目前常用的机械采茶设备有单人采茶机和双人采茶机，它们设计合理、操作简便，能够适应不同的茶园地形和茶叶生长情况。但在实际应用中，茶农还是需要根据茶园情况和茶叶品种特点，选择合适的设备。

任务测评

以下题目为不定项选择题，请仔细审题，并作答。

1．我国亚热带的茶区大部分在（　　）采茶。

A．春季　　B．春、夏、秋季

C．秋、冬季　　D．全年

2．对于大宗红茶和绿茶，春茶采摘一般始于树冠面上（　　）的新梢达到标准。

A．5%以下　　B．10%～15%

C．50%以上　　D．全部

3．下列选项中，（　　）属于合理采摘茶叶的要求。

A．因地制宜，精准采摘

B．只追求产量，忽略品质

C．采养结合，保护茶树

D．技术结合，促进茶树生长

4．机械化采茶技术的主要优点是（　　）。

A．只用于名优茶　　B．效率低

C．缓解劳动力紧张　　D．不考虑茶园情况

任务三 认识茶叶的分类

一、古代茶叶类别的发展

中国产茶历史悠久，历代茶人创造出了多种茶类。古人通常根据茶叶的外形、颜色、产地及制法对其进行分类。

（一）唐代

在唐代以前，茶叶的加工储藏方式主要是晒干收藏，饮用方式主要是生煮羹饮。随着技术的发展，茶叶加工方式不断得到创新。到了唐代，人们已经熟练掌握了蒸青技术，这一技术使得茶叶可以被加工成多种形态。

在唐代，除了传统的晒干茶叶外，蒸青团茶也开始流行。这种茶叶的制作过程如下：蒸制茶叶、捣碎，然后将其压制成团状。这样的处理方式不仅方便了茶叶的储存和携带，还赋予了茶叶全新的风味。同时，唐代还出现了散茶和末茶等不同形态的茶叶。

（二）宋代

到了宋代，蒸青团茶逐渐演变为蒸青散茶。《宋史・食货志》中说：“茶有二类，曰片茶，曰散茶。”这两类茶叶制法不同，外形也不同。片茶指压制成饼片状的蒸青团茶，如五代时期徐夤笔下的蜡面茶、北宋文人歌咏的龙团凤饼等。而散茶则是经蒸青处理后直接烘干的未经压制的散条形茶叶。

（三）元代

农学家王祯在《农书・百谷谱集之十・茶》中写道：“茶之用有三，曰茗茶，曰末茶，曰蜡茶。”元代在继承宋代茶叶制法的基础上进行了改进，将茶叶分为茗茶、末茶和蜡茶。茗茶即蒸青散茶，而末茶和蜡茶是在宋代片茶制法的基础上加以改良的茶类。在元代，蒸青散茶的产量较宋代有所增加，并根据茶鲜叶嫩度的不同进一步分为芽茶和叶茶两类。

（四）明代

明代是制茶技术飞跃发展的时期，炒制工艺开始规模化应用，这极大地提升了茶叶的香气。同时，由于杀青技术的引入，明朝的绿茶制法不断创新。这一时期，红茶、黄茶、黑茶和白茶等茶类也相继问世，进一步丰富了茶叶的种类。其中，红茶起源于福建崇安的小种红茶，其独特的制作工艺迅速传播至安徽、江西等地。

（五）清代

清代时，茶叶种类进一步丰富。在这一时期，乌龙茶出现，并在福建崇安、建瓯和安溪等地开始大规模生产。至此，六大茶类全部出现。

二、现代茶叶类别的划分

（一）按照采制季节分类

1．春茶

春茶是指在 3 月下旬到 5 月中旬采制的茶叶。春季气候温和，雨量适中，这样的自然环境为茶树的生长提供了理想条件。经过冬季的休眠，茶树在春季萌发出的新芽肥壮饱满，叶片翠绿，质地柔嫩。这些春茶富含维生素和氨基酸等多种成分，所以其口感鲜爽，香气扑鼻。此外，春茶生长期间一般无病虫危害，无农药污染。因此，从茶叶品质来看，春茶无疑是最优的。

2．夏茶

夏茶是指在 5 月下旬至 7 月上旬采制的茶叶。夏季天气炎热，茶树的新梢芽叶生长迅速，但也很容易老化。夏季茶叶中维生素、氨基酸的含量减少，且带苦涩味的花青素、咖啡因、茶多酚等物质的含量多于春茶，这使得紫色芽叶数量增多，茶叶色泽深浅不一，茶汤滋味较为苦涩，香气也不如春茶强烈。

3．秋茶

秋茶是指在 7 月中旬至 10 月中旬采制的茶叶。秋季气候介于春夏之间，茶树经春夏二季采收，茶叶中内含物质明显减少，叶片大小不一，叶底发脆，叶色发黄，这使得秋茶滋味和香气比较平淡。

4．冬茶

冬茶是指从 10 月下旬开始采制的茶叶。冬茶是在秋茶采制后，天气逐渐转冷时生长的。在低温情况下，茶树新梢芽叶生长缓慢，这有助于茶叶内含物质的积累。因此，冬茶滋味醇厚，香气浓烈。

（二）按照生长环境分类

1．平地茶

平地茶一般是指采用生长在海拔 100 米以下地区的茶树树叶制成的茶叶。这些地区通常日照时间长，气温高。因此，这里的茶树芽叶较小，叶底坚硬而薄，叶色偏黄绿，光泽不足。用其加工而成的茶叶条索紧细，重量较轻，香气稍低，滋味较平淡。

2. 高山茶

高山茶一般是指采用生长在海拔较高地区的茶树树叶制成的茶叶。这些地区通常森林茂密，气候温和湿润，雨量充足，土壤深厚肥沃，日照时间短，散射光多。因此，这里的茶树芽叶肥壮，叶质柔软，叶色鲜绿，叶片上的茸毛较多。用其加工而成的茶叶，条索紧结、肥硕，白毫显露，滋味浓厚，香气馥郁且耐冲泡。

3. 丘陵茶

丘陵茶一般是指采用生长在海拔 100～800 米的丘陵地区的茶树树叶制成的茶叶，其品质介于高山茶和平地茶之间。

（三）按照加工程度分类

1. 基本茶类

基本茶类是指茶树鲜叶经过初制、精制后，不再进行再加工或深加工的茶类。基本茶类可分为绿茶、红茶、黑茶、乌龙茶、黄茶和白茶六大类。

绿茶

- **绿茶：** 属于不发酵茶，是我国产量最多、饮用范围最广的一类茶叶，具有“干茶绿、汤色绿、叶底绿”的特点。绿茶外形多样，有条形、圆形、针形、片形、卷曲形等。
- **红茶：** 属于全发酵茶，因汤色、叶底均为红色而得名，是目前世界上生产量和消费量最大的茶类。红茶种类繁多，按照外形形状的不同，可分为条红茶（包括小种红茶、工夫红茶）和红碎茶。
- **乌龙茶：** 即青茶，属于半发酵茶，主要产于福建、广东、台湾等地。乌龙茶的成品茶通常具有特殊的香气和韵味，如凤凰单丛具有天然的花香、武夷岩茶具有岩韵等。根据产区的不同，乌龙茶可分为闽南乌龙、闽北乌龙、广东乌龙和台湾乌龙。
- **黑茶：** 属于后发酵茶，是我国特有的茶类，主产于四川、云南、湖北、湖南、广西等地，因叶色呈黑褐色而得名。根据产地和加工工艺的不同，黑茶可分为湖南黑茶、湖北老青茶、四川边茶等。
- **黄茶：** 属于轻发酵茶，也是我国特有的茶类，主要产于湖南、湖北、四川、安徽、浙江和广东等地，具有“色黄、汤黄、叶底黄”的特点。按照原料芽叶嫩度的不同，黄茶可分为黄大茶、黄小茶和黄芽茶。其中，黄大茶通常由叶大梗长且具有一定成熟度的鲜叶加工而成；黄小茶多以一芽一叶或一芽二叶为原料加工而成；黄芽茶由细嫩的单芽或一芽一叶制成，茶芽肥壮，品质超群，为黄茶之最。
- **白茶：** 属于微发酵茶，是我国特有的茶类，因外表满披白毫、色白如银而得名。根据茶鲜叶采摘标准的不同，白茶可分为芽茶和叶茶两种。

茗香漫谈

闽南乌龙和闽北乌龙的区别

“南香北水”是人们对福建南北两大茶叶产区所产乌龙茶的特点的概括性总结。“南”指的是闽南乌龙，“北”指的是闽北乌龙。所谓“南香北水”，就是从茶的品质特征上来看，闽南乌龙主要以香气见长，而闽北乌龙则是以茶汤为胜。

此外，从加工工艺来看，闽南乌龙的发酵程度相对较轻，闽北乌龙的发酵程度相对较重，因此前者的茶汤青黄，后者的茶汤橙黄。从外形上看，闽南乌龙干茶条索卷曲或圆结，闽北乌龙干茶多呈条索形。

2. 再加工茶类

再加工茶是指以六大基本茶类为原料，采用一定的方法对原料进行再加工而成的茶叶，主要包括花茶、紧压茶及萃取茶等。

再加工茶类

- **花茶：**又称窨花茶、熏花或香片，是我国特有的一类再加工茶。它主要是用绿茶、红茶或乌龙茶作为茶坯，以符合食用要求、能够吐香的鲜花（如玫瑰花、桂花、白兰花等）为原料，采用窨制工艺制作而成的。花茶的种类很多，通常以所采用的鲜花的名称来命名，如茉莉花茶、玫瑰花茶、栀子花茶、珠兰花茶、桂花茶等。
- **紧压茶：**是以基本茶类为原料，经加工、蒸压成型后，干燥而制成的再加工茶，主要产于湖南、湖北、云南、贵州等地。从外形上看，紧压茶丰富多样，包括砖形、饼形、碗形、球形等，如图 5-3、图 5-4 所示。

图 5-3　黑砖茶

图 5-4　饼茶

- **萃取茶：**是以成品茶或半成品茶为原料，用热水萃取茶叶中的可溶物，然后通过过滤去除茶渣获得茶汁，再经过一定的加工，如浓缩、干燥等，而制成的固态或液态茶，如罐装饮料茶、浓缩茶、速溶茶等。

任务测评

以下题目为不定项选择题，请仔细审题，并作答。

1. 在唐代，（　　）是茶叶加工技术的重要创新。

A. 晒干技术　　B. 蒸青技术

C. 压制技术　　D. 生煮技术

2. 在宋代，（　　）的制法是将茶叶蒸青后直接烘干，且不压制。

A. 片茶　　B. 散茶

C. 末茶　　D. 蜡茶

3. 在不同季节的茶叶中，（　　）的品质是最优的。

A. 春茶　　B. 夏茶

C. 秋茶　　D. 冬茶

4. （　　）是我国特有的茶类，且属于后发酵茶。

A. 绿茶　　B. 红茶

C. 黑茶　　D. 乌龙茶

模块实训

手工采茶活动

【实训目的】

（1）学习并掌握手工采茶的基本手法。

（2）了解茶叶采摘的标准，识别适合采摘的茶叶部位。

【实训时间】

约 60 分钟。

【实训场所】

当地茶园或学校小型茶树种植区。

【实训器具】

茶篓、防晒帽（可选）。

【实训方法】

教师示范，分组采摘，小组讨论。

【实训步骤】

（1）讲解示范：教师详细讲解采茶时应如何用手指采下嫩芽或嫩叶，同时说明哪些茶叶部位适合采摘。

（2）分组实践：学生分组后，每组分别领取茶篓，在茶园中开始实践。教师观察学生操作，及时给予指导和纠正。

（3）总结反馈：实践结束后，教师简要总结学生表现，强调采茶过程中的注意事项，并鼓励学生提出问题和分享体验。

【注意事项】

（1）注意安全，避免跌倒或误伤茶树。

（2）保持茶园环境整洁，不随意丢弃垃圾。

（3）遵守茶园管理规定，不采摘非指定区域的茶叶。

模块评价

本模块的学习已告一段落，请同学们结合理论知识的学习情况，课前、课中和课后的任务完成情况，以及素质目标的达成情况 3 个方面，按照表 5-2 的评价标准对本模块的学习效果进行自评和互评，并请教师进行总体评价。

表 5-2　综合评价表

评价项目	评价内容	分值	得分		
			自评	互评	师评
知识评价	能够准确描述四大茶区的气候和土壤等的特点	10			
	能够简要说明茶叶采摘的时机和技巧	10			
	能够正确阐释不同种类茶叶的分类依据	15			
技能评价	能够准确判断茶叶的类别，识别不同类别茶叶的基本特征	15			
	能够灵活运用所学技术采摘茶叶，并确保茶叶品质	15			
	能够分析茶区特点对茶叶种植与加工的影响，并提出合理建议	15			
素质评价	通过学习与实践，增强对茶文化及中国茶产业的自信心	10			
	在茶叶采摘过程中，切实贯彻可持续发展理念，尊重茶树的生长周期，维护茶树生长地的自然环境	10			
合计		100			
总分	自评（30%）+互评（30%）+师评（40%）=				

模块六

茶叶的初制工艺

我国是茶树的发源地，拥有广阔的产茶区域。同时，我国也是世界上最早掌握栽茶技术的国家，种植茶叶的历史已超过千年。在长期的生产实践中，我国劳动人民不断创新和发展制茶技术，使得中国成为世界上制茶种类最齐全、茶叶品种和花色最丰富的产茶国。

学习目标

知识目标：

- 熟悉六大茶类初制工艺。
- 熟悉六大茶类常见代表茶样及其品质特点。

能力目标：

- 掌握六大茶类初制工艺流程，并能进行实际操作。

素质目标：

- 传承非遗制茶技艺，树立文化自信，增强民族自豪感。

模块导入

“中国传统制茶技艺及其相关习俗”申遗成功

2022 年 11 月 29 日，我国申报的“中国传统制茶技艺及其相关习俗”在摩洛哥拉巴特召开的联合国教科文组织保护非物质文化遗产政府间委员会第 17 届常会上通过评审，列入联合国教科文组织人类非物质文化遗产代表作名录。

“中国传统制茶技艺及其相关习俗”是有关茶园管理、茶叶采摘、茶的手工制作，以及茶的饮用和分享的知识、技艺及实践。自古以来，中国人就种茶、采茶、制茶和饮茶。这一系列活动不仅蕴含着深厚的文化底蕴，还体现了人与自然和谐共生的智慧。

古人讲究顺应自然，合理施肥与修剪，确保茶叶的优质生长。采摘时，则要求遵循时节，选取嫩叶嫩芽，以保证茶叶的品质。手工制作过程中，炒茶、揉捻、烘干等环节无一不透露着茶人的精湛技艺与对茶的热爱。饮茶更是中国人社交与情感交流的重要方式。无论是文人雅士的品茗论道，还是寻常百姓家的待客之礼，一杯好茶总能拉近人与人之间的距离，传递着温暖与情谊。

在漫长的茶文化发展历程中，我国逐渐形成了绿茶、黄茶、黑茶、白茶、乌龙茶、红茶六大茶类及花茶等再加工茶，共计 2 000 多种茶品供人饮用与分享。这些传统制茶技艺及其相关习俗形成了各具特色的习俗，代代相传，贯穿于中国人的日常生活、仪式和节庆活动中。

传统制茶技艺主要集中于秦岭淮河以南、青藏高原以东的江南、江北、西南和华南四大茶区，相关习俗在全国各地广泛流布，为多民族所共享。通过丝绸之路、茶马古道、万里茶道等，茶穿越历史、跨越国界，深受世界各国人民喜爱，已经成为中国与世界人民相知相交、中华文明与世界其他文明交流互鉴的重要媒介，成为人类文明共同的财富。

问题与思考：

“中国传统制茶技艺及其相关习俗”成功申遗的意义是什么？你认为应该如何保护和传承中国的传统制茶技艺？

任务一 熟悉绿茶的初制工艺及其代表茶

一、绿茶的初制工艺

绿茶是我国茶叶中产量最高的一类，遍布全国各个产茶区。我国绿茶的产量和品种多样性在全球范围内位居首位，其特点为绿汤绿叶。绿茶的基本初制工艺流程包括摊放、杀青、揉捻和干燥。

卷曲绿茶制茶实操

（一）摊放

摊放（见图 6-1）是绿茶初制加工的第一道工序，即把采下的茶叶鲜叶分批分级放置于通风干燥的地方。茶叶鲜叶从茶树上采摘下来之后，若不摊放，鲜叶的呼吸作用就会从有氧呼吸变为无氧呼吸，鲜叶内的糖分就会转化为醇类，产生酒精味，同时鲜叶还会释放出氮，产生臭味，最终腐烂变质。因此，鲜叶采摘后，应及时摊放。摊放后，鲜叶水分减少，色泽变深，叶质变软，便于后续工序的进行。

图 6-1 摊放

一般绿茶的摊放厚度为 15～20 厘米，约每平方米 20 千克，时间一般为 12 小时以内。名优绿茶的摊放厚度为 2～3 厘米，约每平方米 1 千克，时间一般为 6～8 小时。如果摊放较厚，必须使用机器通风。

（二）杀青

采摘下来的绿茶鲜叶经摊放后，即可进入杀青工序。杀青是指采取高温措施破坏茶叶中酶的活性，防止茶叶中的多酚类物质在酶的作用下继续氧化的过程。杀青能够使茶叶中的叶绿素保存下来，使得成品茶叶色、汤色、叶底均为绿色。

杀青方法主要有锅炒杀青（见图 6-2）、滚筒杀青、蒸汽杀青和热风杀青等。在杀青过程中，主要遵循以下 3 个原则：高温杀青、先高后低；老叶嫩杀、嫩叶老杀；抛闷结合、多抛少闷。

（a）

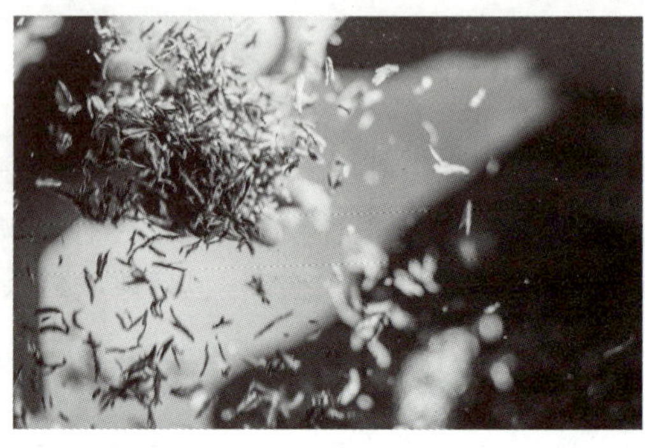

（b）

图 6-2　锅炒杀青

（三）揉捻

揉捻是指借用外力让茶叶成形的同时，破坏部分茶叶细胞组织的过程，其目的是将茶叶塑形的同时，使茶叶细胞破损后溢出的茶汁附着在已成形的茶叶表面，增进茶汤滋味。绝大多数的绿茶采用机器揉捻，只有少部分名优绿茶采用手工揉捻（见图 6-3）。

图 6-3　手工揉捻

在揉捻过程中，加压的具体操作应遵循以下原则：先轻后重、逐步加压、轻重交替进行，并最终停止加压。

（四）干燥

干燥是指利用高温抑制茶叶中残留酶的活性，使之不再继续发酵的过程。其目的是固定茶叶品质，进一步巩固茶叶的香气和滋味。同时，干燥还能减少茶叶的体积和重量，以便于包装、存储和运销。

绿茶的干燥方式主要有烘干（用烘焙的方式烘干）、炒干（用锅高温炒干）、晒干（用日光晒干）和烘炒结合等。

茗香漫谈

四大类绿茶

根据杀青方式和干燥方式的不同，绿茶可以分为炒青绿茶、烘青绿茶、晒青绿茶和蒸青绿茶4类。

（1）炒青绿茶：采用高温锅炒杀青和锅炒干燥的方式制成的绿茶。著名品种有西湖龙井、碧螺春、都匀毛尖、竹叶青等。

（2）烘青绿茶：采用烘焙的方式进行干燥而制成的绿茶。著名品种有庐山云雾、黄山毛峰、太平猴魁、六安瓜片等。

（3）晒青绿茶：利用日光进行干燥而制成的绿茶。由于日晒的温度较低，时间较长，晒青绿茶较多地保留了鲜叶的天然物质，制出的茶叶滋味浓重，且带有一股“日晒味儿”，如云南的滇青茶。

（4）蒸青绿茶：采用蒸汽进行杀青而制成的绿茶。因为蒸汽杀青温度高、时间短，对叶绿素破坏较少，且整个加工过程没有闷压，所以蒸青绿茶的干茶色泽深绿，茶汤浅绿澄澈，叶底嫩绿。著名品种有恩施玉露、仙人掌茶等。

二、绿茶代表茶及其品质特点

在我国悠久的茶叶加工历史中，出现了很多名优绿茶，它们的外观造型千姿百态，香气、滋味各具特色，如表6-1所示。

表6-1 绿茶代表茶及其品质特点

代表茶	品质特点
西湖龙井	西湖龙井产于浙江省杭州市西湖区，属传统历史名茶，约创制于明末清初。西湖龙井分为特级、一级、二级、三级、四级和五级，共6个等级，以“色绿、香郁、味甘、形美”著称于世。西湖龙井成品茶外形扁平、光洁、匀称、挺秀，形如碗钉；色泽绿翠，或为黄绿呈糙米色；香气鲜嫩、馥郁、清高持久；滋味鲜醇甘爽，饮后清淡而无涩感，回味留韵

续表

代表茶	品质特点
太平猴魁	太平猴魁主产于安徽省黄山市，为历史名茶，创制于清末。太平猴魁成品茶外形为两叶抱一芽，扁平挺直，享有“猴魁两头尖，不散不翘不卷边”的美誉；色泽苍绿匀润，白毫隐伏，汤色黄绿明亮；冲泡后，香气高爽，有独特的“猴韵”
洞庭碧螺春	洞庭碧螺春产于江苏省苏州市洞庭山及其邻近茶区，属传统历史名茶，创制于明末清初。洞庭碧螺春成品茶外形条索纤细，卷曲呈螺形，茸毛披覆，色泽银绿隐翠；茶汤嫩绿清澈，叶底柔匀；具有特殊的花果香，滋味浓郁甘醇，鲜爽生津，回味绵长
安吉白茶	安吉白茶产于浙江省安吉县，为新创制的名茶，采用自然返白品种的芽叶加工而成，故称安吉白茶。安吉白茶成品茶外形细秀，形如凤羽，色如玉霜，光亮油润；汤色嫩绿明亮；香气嫩香持久；滋味鲜醇甘爽；叶底叶张玉白，茎脉翠绿，成朵匀整

任务测评

以下题目为不定项选择题，请仔细审题，并作答。

1. 下列选项中，不属于绿茶加工工艺的是（　　）。

   A. 摊放　　B. 杀青　　C. 发酵　　D. 揉捻

2. 在绿茶的加工工序中，对绿茶品质起到关键性作用的是（　　）。

   A. 摊放　　B. 杀青　　C. 干燥　　D. 揉捻

3. 加工绿茶时，揉捻加压的原则是（　　）。

   A. 轻轻轻　　B. 轻重轻　　C. 轻重重　　D. 重重轻

4. 扁平形名优绿茶的典型代表是（　　）。

   A. 龙井茶　　B. 碧螺春　　C. 雨花茶　　D. 六安瓜片

5．具有“色绿、香郁、味甘、形美”等品质特征的茶叶是（　　）。

A．毛峰　　B．翠玉　　C．碧螺春　　D．西湖龙井

6．“两叶抱一芽，扁平挺直，不散不翘，含而不露”的描述最符合（　　）的品质特点。

A．太平猴魁　　B．祁门红茶　　C．安溪铁观音　　D．安吉白茶

任务二　熟悉红茶的初制工艺及其代表茶

一、红茶的初制工艺

红茶是全球第一大茶类，其产量约占全球茶叶总产量的 56%。目前，红茶也是我国主要生产和出口的茶类之一。长期以来，我国红茶的产销量仅次于绿茶。红茶的基本初制工艺流程包括萎凋、揉捻（或揉切）、发酵和干燥。

红茶初制工艺
及代表茶样品质特点

（一）萎凋

萎凋是红茶初制的第一道工序，也是形成红茶品质的基础工序。萎凋时需要将鲜叶摊放在萎凋帘上，使鲜叶均匀地散发水分，以降低茶叶细胞的张力，增加茶叶的韧性，去除青草气味。在萎凋过程中，发酵也会同时进行。在多种酶的催化作用下，茶叶内含物质会发生一系列化学反应，使得茶叶产生特有的香气和滋味。萎凋方法有室外日光萎凋、室内自然萎凋和机器萎凋 3 种。

（二）揉捻

揉捻是红茶外形塑造和内质形成的重要程序。在揉捻过程中，茶叶的叶片组织受损而茶汁外溢，这极大地促进了多酚类化合物的酶促氧化，为红茶独特风味的形成奠定了基础。另外，在揉捻时，叶片在摩擦力和压力的双重作用下逐渐卷紧成条，叶表附着的茶汁在干燥后使成品茶色泽乌润，这不仅提升了茶叶的外观，还增强了茶汤的浓郁和醇厚口感。

（三）发酵

发酵是形成红茶色、香、味的关键步骤。揉捻后的茶叶经过发酵，酶的活性会增强，促使多酚类化合物进一步形成茶黄素、茶红素等，使茶叶叶色由绿变红，从而形成

红茶“红叶红汤”的品质特点。发酵时，要把握好时间，若发酵过度，会使汤色深暗。

（四）干燥

红茶的干燥，一方面是为了高温破坏酶的活性，及时终止发酵过程；另一方面是为了充分干燥茶叶，便于贮藏。

二、红茶代表茶及其品质特点

在明末清初时期，我国诞生了红茶的鼻祖——正山小种。之后，各种独具风格的红茶相继问世，如祁门红茶、滇红工夫等。这些红茶代表茶的品质特点如表 6-2 所示。

表 6-2　红茶代表茶及其品质特点

代表茶	品质特点
正山小种	正山小种红茶产于福建省武夷山市星村乡桐木关一带，属传统历史名茶。正山小种成品茶外形条索肥壮，紧结圆直，色泽乌润；冲泡后汤色红浓；香气高长，带松烟香；滋味醇厚，似桂圆汤味
祁门红茶	祁门红茶简称祁红，产于安徽省黄山市祁门县一带，是工夫红茶中的极品，被誉为世界三大高香茶之一。精加工的祁红条索紧结，细小如眉，苗秀显毫，色泽乌润。冲泡后，茶汤和叶底颜色红艳明亮，香气清香持久，似果香又似兰花香，滋味鲜爽醇厚
滇红工夫	滇红工夫茶产于云南，成品茶外形条索紧结、肥壮，色泽乌润，金毫特显；汤色艳亮，叶底红匀明亮；香气鲜郁高长；滋味浓厚鲜爽，富有刺激性

任务测评

以下题目为不定项选择题，请仔细审题，并作答。

1. 在红茶初制过程中，（　　）是形成红茶品质的基础。

   A. 干燥　　B. 发酵　　C. 揉捻　　D. 萎凋

2. 揉捻对红茶的主要作用是（　　）。

   A. 增加茶叶重量　　B. 塑造外形和形成内质

   C. 完全停止发酵　　D. 去除茶叶苦涩味

3. 最早诞生的红茶是（　　）。

   A. 云南滇红工夫　　B. 安徽祁门红茶

   C. 福建正山小种　　D. 福建闽红功夫

4. 下列选项中，（　　）被誉为世界三大高香茶之一。

   A. 正山小种　　B. 滇红工夫

   C. 祁门红茶　　D. 红碎茶

5. 滇红工夫茶的外形特点是（　　）。

   A. 条索细小如眉　　B. 色泽乌润，金毫特显

   C. 细小颗粒状　　D. 扁平光滑

任务三 熟悉乌龙茶的初制工艺及其代表茶

一、乌龙茶的初制工艺

乌龙茶是六大传统茶类中加工工艺最为复杂的茶类，其基本初制工艺流程包括萎凋、做青、杀青、揉捻、干燥和拣剔。

乌龙茶初制工艺及代表茶样品质特点

（一）萎凋

萎凋是乌龙茶加工的第一步，其目的是降低鲜叶的叶面含水量，激发酶的活性，促进叶内成分发生化学变化，从而有效散发青气，为后续做青阶段做准备。与红茶相比，乌龙茶的萎凋程度较轻，萎凋叶含水量较高。

萎凋主要有两种方式：晒青和热风萎凋。晒青是指利用室外日光进行自然萎凋；热风萎凋则是为了应对阴雨季节无法进行晒青的情况，采用热风萎凋槽或热风萎凋机等设备所进行的一种人工萎凋方式。

（二）做青

做青是乌龙茶独有的加工工艺，是摇青（见图 6-4）和凉青反复交替进行的过程。摇青是指通过外力使鲜叶进行有规律的跳动、旋转和摩擦等运动，使鲜叶外缘组织受到适度的机械损伤，以此促进内含物质发生酶促氧化等一系列生化反应；凉青则是将鲜叶静置在室内或阳光下，使鲜叶的水分进一步降低，这有利于茶叶的嫩茎向叶面输送水分和其他物质。通过反复进行摇青和凉青，乌龙茶能够形成香气高、味道醇厚的优良品质。

图 6-4　摇青

（三）杀青

做青达到一定程度后，需要通过杀青来固定茶叶品质，保持茶叶特有的香气和滋味。同时，杀青时茶叶中的水分会大量蒸发，使叶质变柔软，增强茶叶的韧性，有利于揉捻成形及干燥。

乌龙茶杀青一般采用手工杀青和机器杀青两种方式。杀青程度以茶叶无青臭味，茶质松软有弹性，能握成团而不散，梗折而不断，清香或花香显露为宜。

（四）揉捻

乌龙茶的揉捻分为手工揉捻和机器揉捻两种。手工揉捻的原则是“趁热、适量、快速、短时”，加压时要“轻、重、轻”，转速控制要“慢、快、慢”。经过 5～8 分钟的持续揉捻，茶叶卷曲成条、均匀一致，有润滑的手感，且具有清香，不带闷黄味。使用机器揉捻时，应注意设置好程序，同时还要避免机器的油液污染茶叶。

（五）干燥

乌龙茶的干燥工艺与其他茶类有一些不同，主要差异体现在耗时长、温度相对较低及干燥次数较多等方面，这些特点有助于乌龙茶进一步形成其独特的香高味醇品质。

乌龙茶的干燥一般要求低温慢焙，焙火方式有炭火焙火（见图 6-5）和烘干机焙火两种。炭火焙火的温度控制在 60℃左右，笼上加盖，焙至火香显露。烘干机焙火的温度一般控制在 110℃左右，摊叶厚度为 4～5 厘米，焙至有火香为止。

（a）

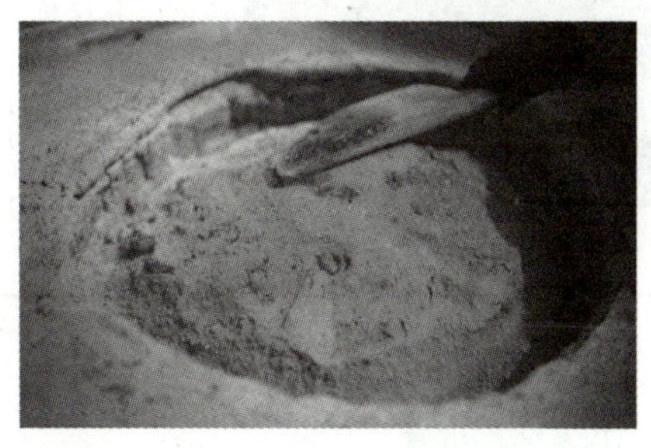

（b）

图 6-5 炭火焙火

（六）拣剔

拣剔的目的是去除粗老、畸形的茶叶，拣出茶籽、茶梗、杂质等。乌龙茶通常遵循开面采的原则，因此茶中会留有许多茶梗及其他杂质，这时就需要人工或机器挑拣，以得到令人满意的成品茶。

二、乌龙茶代表茶及其品质特点

根据产地不同，乌龙茶可划分为闽南乌龙、闽北乌龙、台湾乌龙和广东乌龙四大类。不同类别的乌龙茶，其品质和滋味也各有特色，如表 6-3 所示。

表 6-3 乌龙茶代表茶及其品质特点

代表茶	品质特点
安溪铁观音	安溪铁观音产于福建省安溪县，属传统历史名茶，是闽南乌龙的典型代表。铁观音成品茶条索卷曲、壮结、匀整，呈青蒂绿腹蜻蜓头状，色泽鲜润，砂绿显，红点明；汤色金黄似琥珀，浓艳清澈；叶底肥厚明亮，具绸面光泽；滋味醇厚甘鲜，入口回甘带蜜味；香气馥郁持久，似兰花香，有“七泡有余香”之誉
大红袍	大红袍产于福建省武夷山景区内，属传统历史名茶，为闽北乌龙的典型代表。大红袍成品茶条索紧结、匀整，色泽青褐润亮呈“宝光”；叶背面起蛙皮状沙粒白点，俗称“蛤蟆背”；香气馥郁，胜似兰花而深沉持久；滋味浓醇清恬，生津回甘；泡汤后叶底为“绿叶红镶边”，呈三分红七分绿

续表

代表茶	品质特点
凤凰单丛	凤凰单丛产于广东省潮安区凤凰山，属传统历史名茶，为广东乌龙的典型代表。凤凰单丛成品茶条索粗壮、匀整挺直；色泽黄褐似鳝鱼皮色；富有天然优雅花香，冲泡后，茶香四溢，汤色清澈似茶油，叶底青蒂绿腹红镶边；滋味甘醇爽口，具特殊山韵蜜味，耐冲泡

任务测评

以下题目为不定项选择题，请仔细审题，并作答。

1. 乌龙茶的制作工艺独特，它属于（　　）。
   A．全发酵茶　B．半发酵茶　C．不发酵茶　D．微发酵茶
2. 根据产地的不同，乌龙茶主要可分为（　　）。
   A．闽南乌龙　B．闽北乌龙　C．广东乌龙　D．台湾乌龙
3. 属于乌龙茶独有加工工艺的是（　　）。
   A．摊放　B．杀青　C．做青　D．揉捻
4. 在乌龙茶的加工过程中，（　　）这道工序不是必需的。
   A．萎凋　B．做青　C．杀青　D．炒青
5. 安溪铁观音的香气特点是（　　）。
   A．清淡如竹　B．馥郁似兰
   C．淡雅如梅　D．浓烈如桂
6. 凤凰单丛的汤色被比喻为（　　）。
   A．琥珀　B．茶油　C．红酒　D．黄金

任务四　熟悉黑茶的初制工艺及其代表茶

一、黑茶的初制工艺

黑茶是我国的特色茶类，属于后发酵茶。不同种类的黑茶，其制作工艺也有所不同，但它们都需要经过初制工艺制成黑毛茶，再进行再加工。黑茶初制的基本工艺流程包括杀青、初揉、渥堆、复揉和干燥。

黑茶初制工艺
及代表茶样品质特点

（一）杀青

黑茶的原料一般较为粗老，含水量较少。为避免因水分不足而杀青不均匀的情况发生，可以在杀青时洒水。洒水比例一般为 10∶1，即 10 千克鲜叶洒 1 千克清水。同时，洒水要均匀，以便杀匀杀透。杀青程度以叶片软绵且带黏性，叶色转暗绿、无光泽，青草气消除，清香显出，梗折不断为宜。

（二）初揉

杀青后要趁热揉捻，以便茶叶卷曲成条，塑造外形。黑茶一般采用机器揉捻，遵循“轻压、短时、慢揉”的原则。初揉时，揉捻机转速以每分钟 40 转左右，揉捻时间 15 分钟左右为宜。待黑茶嫩叶初步揉捻成条，叶色为黄绿色，茶汁溢出附于表面，粗老叶片出现褶皱时即可。

（三）渥堆

渥堆是黑茶加工特有的工序，也是黑茶色、香、味形成的关键性工序。初揉结束后，应立即将初揉后的茶叶堆积于温度在 25℃以上、相对湿度保持在 85%左右的室内进行渥堆处理。堆高通常保持在 1 米左右，并在表面覆盖湿布或蓑衣等物。渥堆过程中，为避免堆温过高烧坏茶叶，要翻堆一次。渥堆大约需要 24 小时，当茶叶表面出现水珠，叶色由暗绿变为黄褐，散发出淡淡的酒糟香气，茶团黏性变小、一打即散时，即为渥堆适度。若渥堆不足，茶叶叶色黄绿，茶团黏性大、不易打散。若渥堆过度，茶叶会有酸馊气味，叶肉和叶脉易分离，叶色乌暗。

（四）复揉

复揉的目的是进一步破坏茶叶细胞，提高茶的香味。其方法是将渥堆适度的黑茶解块后，再上机复揉，揉法与初揉相同，但力度要稍小，时间一般为 6～8 分钟。复揉要注意轻压、短时、慢揉，避免渥堆后柔软的叶质形成“丝瓜瓤”，揉后要及时解块摊晾。

（五）干燥

干燥主要采用烘干或者天然晒干，目的是在大量蒸发水分以达到足干的同时，固定品质，促发香气。

二、黑茶代表茶及其品质特点

黑茶是中国传统六大茶类中最有特色的一类。根据产区的不同，黑茶又分为湖南黑茶、云南普洱熟茶、四川边茶、湖北老青茶、广西六堡茶等。黑茶代表茶的品质特点如表 6-4 所示。

表 6-4 黑茶代表茶及其品质特点

代表茶	品质特点
云南普洱熟茶	普洱茶主产于云南西双版纳等地，因自古以来在普洱集散而得名。云南普洱熟茶散茶外形条索肥硕，色泽乌润或褐红，呈猪肝色或带灰白色；汤色红浓明亮，香气具有独特陈香，滋味醇厚回甘，叶底褐红色
四川边茶	四川边茶是我国的传统名茶，主产于四川省，分南路边茶和西路边茶两种。其中，南路边茶较为有名。南路边茶的鲜叶原料较粗老，因加工方法不同，有做庄茶和毛庄茶之分。做庄茶条索较紧卷，似辣椒形，色泽棕褐油润，香气纯正，滋味醇和，汤色黄红明亮，无杂质异味。毛庄茶又称“金玉茶”，叶质粗老不成条，都是摊片，色泽枯黄，内质不如做庄茶
广西六堡茶	广西六堡茶产于广西梧州市苍梧县六堡镇，已有 200 多年的生产历史。广西六堡茶成品茶条索长整尚紧，色泽黑褐光润；冲泡后，汤色红浓，明净似琥珀色，香气陈醇，滋味甘醇爽滑，叶底呈铜褐色，具有独特的槟榔香味，素以“红、浓、陈、醇”四绝著称

任务测评

以下题目为不定项选择题，请仔细审题，并作答。

1. 下列选项中，决定黑茶品质的工序是（　　）。

   A. 摊放　　B. 渥堆

   C. 做青　　D. 揉捻

2. 黑茶渥堆过程中，为了避免堆温过高，需要（　　）。

   A. 摊放　　B. 翻堆

   C. 洒水　　D. 增加光照

3. “条索粗壮肥大，色泽乌润或褐红”是（　　）的品质特点。

   A. 太平猴魁　　B. 祁门红茶

   C. 安溪铁观音　　D. 云南熟普

4. 素以“红、浓、陈、醇”四绝著称的茶是（　　）。

A. 黄山毛峰　　B. 六堡茶

C. 四川边茶　　D. 湖北老青茶

任务五 熟悉黄茶的初制工艺及其代表茶

一、黄茶的初制工艺

黄茶是我国独特的茶类，属于六大茶类之一。黄茶属于轻发酵茶类，加工方法与绿茶相似，只是在揉捻和干燥中间增加了“闷黄”的工序，使其具有黄汤黄叶的特征。黄茶的基本初制工艺流程包括杀青、揉捻、闷黄和干燥。

黄茶初制工艺
及代表茶样品质特点

（一）杀青

黄茶与绿茶一样，制作时首先需要通过高温杀青，蒸发掉鲜叶中的部分水分，破坏酶的活性，使叶质变柔软，鲜叶散去青草气，显露茶香味。

在黄茶杀青的过程中，要注意适当地少抛、多闷，将叶子杀透、杀匀，防止产生红梗、红叶和烟焦味。

（二）揉捻

黄茶的揉捻工艺采用的是热揉，即在湿热的条件下将杀青叶揉捻成条。揉捻后叶温较高，有利于下一步闷黄过程的进行。需要注意的是，有些黄茶需要揉捻，有些则不需要揉捻。

（三）闷黄

闷黄也称“闷堆”，是黄茶“黄叶黄汤”形成的关键工序。其主要做法是将杀青、揉捻后的茶叶堆积起来，使叶绿素被破坏而逐渐发生变化，最终形成黄色。芽叶闷黄后，茶叶中的游离氨基酸及易挥发物质增加，可以使茶叶滋味甜醇，香气浓郁。

（四）干燥

干燥就是将闷黄叶烘干或炒干，作用是停止闷黄，使闷黄叶的品质固定。同时，干燥还可以蒸发叶中多余的水分，紧缩条索、固定外形、保持足干、防止霉变。需要注意的是，黄茶干燥所需的温度比其他茶类低，并且应分几次进行。

二、黄茶代表茶及其品质特点

黄芽茶的代表有君山银针、蒙顶黄芽、霍山黄芽等，黄小茶的代表有北港毛尖、沩山毛尖、鹿苑毛尖、温州黄汤等，黄大茶的代表有霍山黄大茶、广东大叶青等。黄茶代表茶的品质特点如表 6-5 所示。

表 6-5　黄茶代表茶及其品质特点

代表茶	品质特点
君山银针	君山银针产于湖南省岳阳市君山岛，为黄芽茶中的极品茶，属传统历史名茶，因形细如针而得名。君山银针成品茶芽头肥壮、紧实挺直，芽身金黄，满披银毫；汤色橙黄明亮，香气清纯；滋味甘醇甜爽，久置不变味；叶底嫩黄匀亮
蒙顶黄芽	蒙顶黄芽产于四川省雅安市蒙顶山，为蒙山茶中的极品，于每年春分时节开始采制。蒙顶黄芽成品茶外形扁平挺直，色泽微黄，全芽披毫。冲泡后，汤色黄亮，香气甜香浓郁，滋味甘醇鲜爽，叶底全芽，嫩黄匀齐
沩山毛尖	沩山毛尖产于湖南省宁乡市沩山乡，属于黄小茶中的极品茶。沩山毛尖成品茶叶缘微卷，形似兰花；色泽黄亮光润，白毫满披。冲泡后，汤色橙黄鲜亮，有浓厚的松烟香；滋味醇甜爽口；叶底黄亮嫩匀，耐冲泡
平阳黄汤	平阳黄汤产于浙江省温州市平阳县，故又名“温州黄汤”，是黄小茶的代表之一。平阳黄汤成品茶条形细紧纤秀，色泽黄绿多毫；冲泡后，汤色橙黄鲜亮，香气清香高爽，滋味鲜醇甘爽，叶底嫩匀成朵

续表

代表茶	品质特点
霍山黄大茶	霍山黄大茶又称“皖西黄大茶”，主产于安徽省六安市霍山县、金寨县等地，其香气扑鼻，浓郁芬芳，被誉为“天下第一香”。霍山黄大茶成品茶外形梗壮叶肥，叶片成条；色泽油润，金黄显褐。冲泡后，汤色清亮有光泽；滋味浓厚醇和，具有焦香味（俗称“锅巴香”）；叶底黄中带褐

任务测评

以下题目为不定项选择题，请仔细审题，并作答。

1.（　　）具有黄汤黄叶的特征。

A. 绿茶　　B. 黄茶　　C. 白茶　　D. 乌龙茶

2. 下列选项中，属于黄茶特有加工工序的是（　　）。

A. 杀青　　B. 揉捻　　C. 渥堆　　D. 闷黄

3. 蒙顶黄芽为蒙山茶中的极品，产于我国的（　　）。

A. 湖南省　　B. 四川省　　C. 浙江省　　D. 安徽省

4.“叶缘微卷，形似兰花，白毫满披”是（　　）的品质特点。

A. 沩山毛尖　　B. 蒙顶甘露

C. 君山银针　　D. 安吉白茶

5. 下列选项中，属于黄大茶类的茶叶是（　　）。

A. 君山银针　　B. 霍山黄大茶

C. 蒙顶黄芽　　D. 广东大叶青

任务六 熟悉白茶的初制工艺及其代表茶

一、白茶的初制工艺

白茶初制工艺及代表茶样品质特点

白茶是起源于我国福建省的特色茶类，属于微发酵茶类。目前，福建省的福鼎市与政和县是我国白茶的两大主要产区。白茶的加工工艺相对简单，不需要杀青和揉捻，制作工序主要包括萎凋和干燥两道。

（一）萎凋

萎凋是白茶加工中最重要的工序，包括室外日光萎凋、室内自然萎凋、加温萎凋和机器萎凋等多种方式。通常情况下，白茶萎凋会采用室外日光萎凋与室内自然萎凋相结合的方式进行。其具体做法如下：在谷雨前后，选择早晨或傍晚阳光微弱时，将鲜叶置于阳光下轻晒，10～30 分钟后再移入室内自然萎凋，如此反复 2～4 次。需要注意的是，夏天气温高，阳光强烈，不适合采用这种方式进行萎凋。

机器萎凋也是白茶常用的萎凋方式，能够大幅缩短白茶的加工周期，提高生产效率。但这种萎凋方式稳定性较差，容易造成芽叶的萎凋程度不一致，从而影响白茶品质。因此，机器萎凋一般用于中低档白茶的加工和生产中。

（二）干燥

干燥是白茶散失水分，提高香气滋味的重要阶段。在高温作用下，低沸点的青草气物质会挥发，形成带有清香的芳香物质。

白茶一般采用焙笼烘干或烘干机干燥的方式干燥，以使茶叶含水率低于 5%，避免发霉、发酸。干燥包括初烘、摊晾、复烘、低温长烘等工序。烘焙时，火候要掌握得当，火候过高会造成香味不自然、不清新，火候不足则香味平淡。干燥后的干茶需要放入冷库保存，冷库温度应保持在 1～5℃。从冷库中取出的茶叶必须放置 3 小时后再打开，然后才能包装。

二、白茶代表茶及其品质特点

根据茶树品种的不同，白茶可以分为大白、水仙白和小白；根据鲜叶原料嫩度的不同，白茶可以划分为白毫银针、白牡丹、贡眉和寿眉。白茶代表茶的品质特点如表 6-6 所示。

表 6-6　白茶代表茶及其品质特点

代表茶	品质特点
白毫银针	白毫银针属于芽型白茶，简称“银针”，又叫“白毫”，因白如银、形似针而得名。白毫银针主要产于福建省南平市政和县及福鼎市的太姥山麓，其中，产于政和的被称为南路银针，产于福鼎的被称为北路银针。白毫银针成品茶芽头肥壮，挺直如针，密披白毫，色白似银。冲泡后，汤色清澈晶亮，呈浅杏黄色，香气清鲜，滋味鲜爽微甜，叶底银白，芽针完整

续表

代表茶	品质特点
白牡丹	白牡丹主要产于福建省的南平市和福鼎市。白牡丹属于朵型白茶，成品茶叶态自然，形似花朵，色泽呈深灰绿或暗青苔色，叶背满披白毫，俗称“青天白地”；香气清鲜持久，汤色杏黄或橙黄，滋味鲜醇微甜，叶底嫩匀完整，叶脉微红，有“红装素裹”之誉
贡眉	贡眉是白茶中产量最高的一个品种，主产于福建省的南平市和福鼎市。贡眉成品茶茸毫色白且多，色泽翠绿，叶片迎光看去，可看到主叶脉的红色。冲泡后，汤色橙黄或深黄，香气鲜纯，滋味醇爽，叶底匀整、柔软、鲜亮

任务测评

以下题目为不定项选择题，请仔细审题，并作答。

1．在白茶加工过程中，（　　）这道工序是最重要的。

A．杀青　　B．揉捻

C．萎凋　　D．发酵

2．在白茶的干燥过程中，如果火候掌握不当，可能会导致（　　）。

A．香味过于浓烈　　B．香味不自然

C．茶叶颜色变黑　　D．茶叶含水率过高

3．因白如银、形似针而得名的茶叶是（　　）。

A．白牡丹　　B．寿眉

C．贡眉　　D．白毫银针

4．白牡丹的成品茶叶态自然，形似（　　）。

A．银针　　B．花朵

C．辣椒　　D．竹叶

5．贡眉冲泡后的汤色通常呈现为（　　）。

A．浅杏黄色　　B．橙黄或深黄色

C．翠绿色　　D．淡红色

模块实训

绿茶初制

【实训目的】

（1）加深对绿茶初制技术相关原理的理解。

（2）学习各工序的感官鉴定方法及相关机械设备的使用方法。

【实训时间】

约 120 分钟。

【实训场所】

茶叶加工室。

【实训器具】

茶鲜叶、电炒锅、滚筒式杀青机、揉捻机、点温计、台秤等。

【实训步骤】

（1）杀青：应确保杀匀、杀透、杀适度，避免红梗红叶、焦叶、闷黄叶的出现。杀青适度标准为手握杀青叶能成团，松手后略有弹散，手感稍有黏性，叶色转为暗绿且失去光泽，叶质变得柔软，嫩梗折而不断，青气消失，清香显现，减重率控制在 30%～40%，杀青叶含水率约为 60%。

（2）揉捻：要求 80%～90%以上的茶叶搓卷成条，条索紧结，茶汁适度外渗，叶细胞损伤率达到 50%～55%（老叶为 60%～65%），叶色保持翠绿。出茶时需彻底清扫揉捻机内的茶叶，不留残余，以防茶叶劣变。

（3）干燥：炒干过程中应严格控制锅温，避免锅温过高导致焦点产生，影响茶叶品质。从二青至三青应连续完成，不可间断或堆积，以保持茶叶色泽翠绿。

红茶初制

【实训目的】

（1）明确工夫红茶对鲜叶的特定要求。

（2）深入了解工夫红茶制作的技术环节，以及各环节的影响因素和控制方法。

【实训时间】

约 1 天。

【实训场所】

茶叶加工室。

【实训器具】

茶鲜叶、萎凋架、水筛、发酵筐、温度计、纱布、计时器等。

【实训步骤】

（1）室内自然萎凋：将鲜叶薄摊于水筛上，摊叶量约为 1 千克，利用室内空气的自然流通，将室温控制在 20～24℃，相对湿度保持在 70%左右，以促进鲜叶的适度萎凋。此过程大约需要 16～18 个小时。

（2）揉捻：揉捻是发酵的前奏，因此揉捻室应创造有利于发酵的环境条件，将温度控制在 20～24℃，相对湿度在 85%～90%。夏秋季节若环境干燥，可在地面洒水或使用空间弥雾以增加湿度。

工夫红茶的揉捻较绿茶更为充分，所需时间较长，压力也较重，以达到较高的叶细胞损伤率。揉捻时应做到老叶重压长揉，嫩叶轻压短揉。气温低，揉时可长；气温高，揉时要短。一般来说，揉捻时间控制在高级叶 45～50 分钟，中级叶 60～90 分钟，低级叶 90～120 分钟。

具体加压方法（仅供参考）：① 不加压 10 分钟；② 轻压 10～15 分钟；③ 重压 15～20 分钟；④ 解压 5 分钟后，下机解块筛分。

（3）发酵：发酵室应严格控制温度在 25℃左右，相对湿度在 95%以上，并确保空气流通。将揉捻后的茶叶分别以 6 厘米和 12 厘米的厚度均匀摊放于发酵盘中，贴上标签后置于发酵室或调温调湿箱内进行发酵。每隔 30 分钟观测并记录叶温、室温、叶色及气味变化等，同时也要记录发酵的起止时间，并将结果填入表 6-7 中，直至发酵达到适度标准。

表 6-7　红茶发酵观察记录表

发酵时间（分钟）	0		30		60		90	
摊叶厚度（厘米）	6	12	6	12	6	12	6	12
发酵室温（℃）								
相对湿度（%）								
观察时间								
发酵叶温（℃）								
叶色								
香气								
发酵程度								
其他								

（4）干燥：发酵完成后，应立即对茶叶进行干燥处理，以避免过度发酵导致茶叶品质下降。

乌龙茶初制

【实训目的】

（1）学习乌龙茶初制技术，掌握初制技术规程及基本操作技能。

（2）探究做青的基本原理，明确其对乌龙茶品质形成的重要影响。

【实训时间】

约 1 天。

【实训场所】

茶叶加工室。

【实训器具】

茶鲜叶、筒式摇青机、滚筒杀青机（110 型）、揉捻机、烘干机、速包机、水筛及青架、包揉布（袋）等。

【实训步骤】

（1）熟悉乌龙茶初制流程：了解从晒青到毛茶的全过程，包括晒青、凉青、做青、炒青、揉捻、初烘、初包揉、复烘、复包揉、毛火、足火等步骤。

（2）记录技术参数：在教师的指导下，记录每个工序的重要技术参数，并通过实践学习如何用感官判断工序的完成情况，确保操作符合标准。

（3）观察做青过程：分组进行，观察不同摇青次数下茶叶的颜色、形态和气味变化，讨论这些变化如何影响乌龙茶的品质。

（4）毛茶样品收集与评价：分组收集不同批次的毛茶样本，学习如何从外观、香气、滋味、汤色和叶底等方面进行观察和评价，记录观察结果。

白茶初制

【实训目的】

（1）学习并掌握白牡丹的制作方法，明确其对鲜叶原料的具体要求。

（2）掌握萎凋技术、并筛方法及其操作技能。

【实训时间】

约 2 天。

【实训场所】

茶叶加工室。

【实训器具】

茶鲜叶、萎凋架、水筛、电子台秤、精确计时器、温湿度计等。

【实训步骤】

（1）原料选择：精选肥壮的一芽二叶初展嫩梢为原料，确保芽、一叶、二叶均覆盖有白毫。

（2）摊放：将原料摊放在水筛上，每筛摊放鲜叶量控制在 0.5 千克左右，确保摊放均匀，芽叶之间互不重叠。使用电子台秤准确称量每筛（含水筛与鲜叶）的重量，并记录下来。同时，详细观察并记录鲜叶的特征、室内的温度及空气相对湿度。

（3）自然萎凋：将水筛置于萎凋架上，让鲜叶自然萎凋。观察鲜叶萎凋的过程。在此期间，避免触摸或翻动鲜叶，以免影响其自然变化。

（4）定期观测：每 4～6 个小时进行一次观测，持续 2 天。详细记录叶态变化、重量减轻情况、环境温度与湿度等关键数据。

（5）并筛操作：经过 36～40 个小时后，当萎凋叶达到七成干，芽叶毫色发白，叶色由鲜绿转为暗绿，失去原有光泽并呈现翘尾状时，进行首次并筛，即将两筛合并为一筛，并继续观察和记录。

（6）继续萎凋与二次并筛：继续萎凋 10～12 个小时，待萎凋叶达到八成干时，进行第二次并筛。此时，将萎凋叶堆成周围高、中间低的凹形，以促进茶叶内含物质的进一步转化。持续观察并记录，直至茶叶达到萎凋适度标准为止。然后，将所有记录数据填入表 6-8 中。

表 6-8　白茶萎凋过程叶相变化记载表

观察项目		时长（小时）								
观察时间										
室温（℃）										
相对湿度（%）										
减重	重量（kg）									
	减重率（%）									
叶色										
叶态										
香气										
其他										

（7）烘干处理：将萎凋适度的茶叶进行烘干，控制烘焙温度在 60～80℃，时间为 15～20 分钟，直至茶叶达到足干状态，使其最终成为白牡丹。

模块评价

本模块的学习已告一段落，请同学们结合理论知识的学习情况，课前、课中和课后的任务完成情况，以及素质目标的达成情况 3 个方面，按照表 6-9 的评价标准对本模块的学习效果进行自评和互评，并请教师进行总体评价。

表 6-9　综合评价表

评价项目	评价内容	分值	得分		
			自评	互评	师评
知识评价	能够阐明六大茶类初制工艺的差异	10			
	能够描述六大茶类常见代表茶样及其品质特点	15			
技能评价	能够熟练掌握并实际操作六大茶类的基本初制工艺流程	15			
	能够根据不同的茶类和茶叶品质，控制制茶过程中的温度、湿度、时间等关键因素，以达到最佳的制茶效果	15			
	掌握各种茶叶初制工具与设备的工作原理并能够熟练使用	15			
素质评价	积极学习制茶技艺，展现对传统文化的尊重	10			
	通过学习与实践，树立对茶文化及民族文化的自信心，增强民族自豪感	10			
	在制茶过程中，能够保持耐心，不急不躁，细致地完成每一个步骤，确保茶叶品质	10			
合计		100			
总分	自评（30%）+互评（30%）+师评（40%）=				

茶叶的储藏与品质鉴定

茶叶品质的好坏历来被人们重视，而决定茶叶品质的因素多种多样，其中储藏条件便是关键因素之一。为了保证茶叶的品质，了解茶叶的储藏方法和品质鉴定技巧是必不可少的。

学习目标

知识目标：

- 了解茶叶储藏过程中影响其品质的因素，熟悉适宜茶叶储藏的条件。
- 掌握鉴定茶叶品质的方法。

能力目标：

- 能够为不同茶叶选择合适的储藏条件。
- 能够从茶叶的外观和内质鉴别茶叶的品质。

素质目标：

- 尊重传统茶叶储藏与鉴定的技术，同时勇于探索新方法。
- 将理论与实践相结合，锻炼将知识运用到生活中的能力。

模块导入

藏茶方法的历史演变

茶叶的储藏对其品质至关重要。自古以来，我国茶人一直在不断探索合理的藏茶方法。

在唐代，藏茶的方式多种多样。陆羽在《茶经》中介绍了专门的藏茶器物“育”，它由木制成框架，竹篾编织外围，内部用纸糊上，并设有一个容器用以贮存火灰，以驱除潮湿之气。卢纶、卢仝、白居易等诗人的作品中，也描述了用玉盒、丝绢、纸张包裹藏茶的方式。法门寺地宫出土的茶具中，有鎏金银茶笼，这表明唐朝人也使用茶笼来存放饼茶。到了中晚唐时期，人们开始使用陶器贮茶以防止暑湿，如韩琬在《御史台记》中记载的“茶瓶厅”。

北宋前期，人们沿用唐代陆羽的方法，用火烘焙茶叶以防潮，但这种方法既不经济又不方便，且容易烤焦茶叶。因此，人们开始采用密封藏茶法，即用箬叶封裹茶叶，放入笼中，置于高处，远离湿气。

到了徽宗时期，人们将火烘焙与密封藏茶法相结合，即先将茶饼用温火烘焙一次，驱除湿润之气，再放入容器中密封保存。此外，宋代还有一种以茶养茶的储藏方法，即利用茶叶本身的吸湿性，用数十斤的普通茶叶来养护珍贵的茶叶。

至元代，人们已经开始用箬叶制作茶笼，用以防潮湿和异味。箬笼在明代仍被用作藏茶的用具。同时，箬叶也用来与大瓷瓶一起贮藏叶形茶叶，即在瓷瓮底部垫一层干燥的箬叶，再放入焙好的茶叶，最后用箬叶压实封好瓮口。

在中国茶文化的历史长河中，藏茶方法不断演变与创新，它们都体现了茶人们对茶叶品质的极致追求。

问题与思考：

如果要保持茶叶品质，那么在储藏时需要关注哪些条件？随着科技的发展，现代茶叶储藏技术有哪些创新和突破？

任务一 掌握茶叶的储藏方法

作为一种干燥食品，茶叶在储藏性能上远胜鲜活食品。即便如此，茶叶仍具有一定的易变性。若储藏方式不够恰当，茶叶可能会在短时间内丧失其原有的风味。因此，掌握正确的茶叶储藏方法对于保持其品质至关重要。

一、影响茶叶变质的因素

一般来说，茶叶品质的保持或变化主要受其自身的含水量和外部环境条件的影响。了解并控制这些因素，有利于保持茶叶的优良品质。

影响茶叶变质的因素

（一）茶叶的含水量

茶叶自身的含水量是决定其品质稳定性的关键因素之一。水是茶叶内部各种成分发生化学反应必需的介质，高含水量会加速茶叶内部成分的变化，促进茶叶的陈化过程，并增加霉菌滋生的风险。例如，当绿茶含水量大于7%时，即便采用先进的保鲜技术和包装材料，也难以维持其原有的新鲜风味；含水量超过10%时，其极易发生霉变。

因此，通常情况下，将茶叶的含水量控制在5%以下，可以有效抑制茶叶内部的各种反应，保持茶叶品质。

（二）环境因素

温度、湿度、氧气和光照是影响茶叶储藏品质的四大环境因素。其中，温度和湿度可以加速或减缓氧化反应的进程，而光照则能直接改变茶叶的品质，促进某些化学成分的氧化分解。

1．温度

温度对茶叶品质的影响显著，尤其在影响茶汤色泽和香气方面，其作用甚至超过氧气和水分。高温会加速茶叶内部成分的化学反应，导致茶叶色泽褐变、香气散失、滋味劣化。一般来说，温度每上升10℃，茶叶的色泽褐变速度可加快3～5倍。例如，绿茶在25℃的环境下储存半年，其主要品质成分（如氨基酸、咖啡因、茶多酚和水浸出物等）的含量会持续下降，导致茶汤品质劣变。

多数研究认为，将茶叶储存在5℃以下的环境中，可以更长时间地保持其色泽、香气和滋味。

2．湿度

茶叶表面疏松、多孔，具有吸湿性。在高湿度的环境中，茶叶容易吸收空气中的水分，导致水分含量增加，进而引起品质劣变。研究表明，在相对湿度超过80%的环境中，茶叶的含水量一天内就能超过10%。因此，茶叶的储藏环境应保持相对干燥，相对湿度应控制在50%以下，以防止茶叶受潮变质。

3．氧气

氧气是茶叶在储藏过程中发生氧化反应的必要条件。茶叶内含的多种成分（如儿茶素、维生素、脂类、醛类、酮类等），在氧气的参与下易发生氧化反应，导致茶汤色泽变暗、香气减弱、滋味变差。为了减缓这一过程，茶叶包装容器内的氧气含量应控制在极低的水平（如 0.1%以下），以有效保护茶叶的新鲜度。

4．光照

在储存过程中，茶叶如果受到光照，尤其是被光线直射时，其色泽变化和陈化速度会加快。叶绿素 b 对光非常敏感，在光照条件下，茶叶中的叶绿素 b 含量容易降低，会导致茶叶的色泽枯暗。另外，光照会促进茶叶中脂类物质的氧化和色素的光化学反应，导致茶叶产生陈味。

二、茶叶的储藏保鲜技术

茶叶的储藏保鲜技术是为了减轻水分、温度、氧气、光照等因素对茶叶品质的不利影响，尽可能保持茶叶的原有风味。其主要储藏方式如下。

茶叶的储藏保鲜技术

（一）常温干燥储藏

在常温条件下，保持茶叶的低含水量是延长其保质期和保持其品质的关键。

首先，茶叶本身应干燥（含水量低于 5%）。可通过简单测试判断茶叶的干燥程度：取少量茶叶置于掌心，用拇指与食指轻捻，若茶叶可轻易被捻成片状，则说明茶叶含水量偏高；若茶叶被捻成粉末状，则表明茶叶已足够干燥。

其次，储藏环境应干燥。在储藏大批量茶叶时，可以放入适量的干燥剂，如石灰、木炭、硅胶、蒙脱石等，以降低环境中的水分含量，达到保鲜的目的。例如，龙井茶区储藏茶叶的传统方法是用牛皮纸封装茶叶，放入置有生石灰或硅胶的陶罐中，并定期更换干燥剂。对于家庭来说，可以购买食品专用的小包装干燥剂放入茶叶包装内储藏茶叶。

（二）低温冷藏

低温冷藏技术是指通过降低储藏环境的温度，减缓茶叶内部化学反应的速度，从而减缓茶叶陈化劣变的一种保鲜方法。

企业中大批量茶叶的低温冷藏通常使用冷库，冷库温度控制在-18～2℃，相对湿度低于 60%，可以较好地保存茶叶。在家庭茶叶的储藏中，可将密封良好的茶叶置于 5℃以下的冰箱内储藏，这样做可长时间（8～12 个月）保持茶叶的原有风味基本不变。

需要注意的是，从低温环境中取出的茶叶应先进行温度过渡处理，以防止茶叶受潮或劣变。

（三）包装保鲜

包装保鲜涵盖了多种技术手段，主要包括包装材料保鲜、脱氧剂保鲜和抽气充氮保鲜。

1. 包装材料保鲜

包装材料保鲜的核心在于选用具有良好密封性、防潮性及避光性的包装材料储藏茶叶，如铝箔复合袋、铁罐等，以隔绝外界不良因素对茶叶的影响。

2. 脱氧剂保鲜

脱氧剂保鲜是在储藏茶叶时，于包装内加入脱氧剂，通过化学反应消耗包装内的氧气，从而创造低氧环境，进而抑制茶叶的氧化反应。

3. 抽气充氮保鲜

抽气充氮保鲜是在储藏茶叶时，采用真空包装机或充氮包装机，先将茶叶包装内空气抽出或置换为氮气等惰性气体，从而降低包装内的氧气含量，进而延缓茶叶的变质过程。

任务测评

以下题目为不定项选择题，请仔细审题，并作答。

1. 茶叶在储藏时应保持干燥，其最佳含水量是（　　）。

A. 3%　　B. 10%

C. 6%　　D. 9%

2. 在茶叶储藏中，（　　）这一环境因素对茶叶色泽的影响最为显著。

A. 湿度　　B. 氧气

C. 温度　　D. 光照

3. 茶叶“回潮”是因为茶叶具有（　　）的特性。

A. 吸附性　　B. 吸湿性

C. 陈化性　　D. 光化反应

4. 在（　　）以下，茶叶褐变现象不会发生，经一年贮存仍保持原有色泽。

A. 5℃　　B. 10℃

C. 15℃　　D. 20℃

5. 为了有效延缓茶叶的氧化反应，包装茶叶的材料应具备（　　）。

A. 高强度　　B. 高透明度

C. 良好的密封性和避光性　　D. 丰富的色彩

任务二 了解茶叶的品质鉴定方法

一、从外观鉴定品质

（一）条索

茶叶感官审评

条索是指茶叶的外形规格。不同品类的茶叶具有不同的外形规格，这是区分茶叶种类和等级的重要依据。例如，长炒青（见图 7-1）呈条状、珠茶（见图 7-2）呈球状、龙井（见图 7-3）呈扁条形、红碎茶（见图 7-4）为颗粒形等。

图 7-1　长炒青

图 7-2　珠茶

图 7-3　龙井

图 7-4　红碎茶

一般来说，条形茶要看它的松紧、弯直、壮瘦、圆扁、轻重，以条索紧细、圆直、匀齐者为佳，松扁、扭曲、短碎者为次。球形茶要看它的松紧、匀正、轻重、空实，以紧凑、圆结、重实者为佳，松散、长扁、轻飘者为次。扁形茶要看它的平整光滑程度及是否符合规格等，以扁平、光滑、挺直、匀齐者为佳，粗糙、短钝者为次。颗粒茶要看它的紧卷、轻重，以圆满结实者为佳，松散、轻飘者为次。

总的说来，条索紧、身骨重、圆（扁形茶除外）而挺直，说明原料嫩、做工好、品质优；如果条索松、扁（扁形茶除外）、碎，并有烟味、焦味，说明原料老、做工差、品质劣。

（二）嫩度

嫩度是决定茶叶品质的基本条件。茶叶的嫩度主要看芽头的多少、叶质的老嫩、有无峰苗和白毫，以及条索的光糙度等。

一般而言，芽头及嫩叶的比例大，有峰苗，白毫显露，表示茶叶原料嫩度高、做工好、品质好。若茶叶原料嫩度差，则成品茶无峰苗和白毫。需要注意的是，并非所有茶类都有白毫，因此在判断茶叶嫩度时，不能仅以有无白毫作为判断的依据，而应综合考虑茶叶的色泽、香气等多个因素。此外，嫩叶细胞组织柔软且果胶质多，容易揉成条，条索光滑丰润；老叶质地硬，条索不易揉紧，且表面粗糙。

不同品类的茶，对于嫩度的要求不同。例如，有的茶需要用嫩梢萌发的一芽一叶制成，如白毫银针；有的则需要用具有一定成熟度的新梢制成，如黑茶、乌龙茶等。因此，在品评茶叶的嫩度、衡量茶叶的品质时，还要因茶而异。

 **茗香漫谈**

峰苗和白毫

峰苗是茶叶评审术语，指茶叶芽叶细嫩，紧卷而有尖峰。白毫是指茶叶嫩叶背面生长的一层茸毛，干燥后呈白色，如图 7-5 所示。

图 7-5 茶叶上的白毫

（三）色泽

干茶的色泽主要是从色度和光泽度两个方面来看。各种茶均有一定的色度及光泽度的要求，如绿茶以翠绿、深绿光润为好，绿中带黄者为次；红茶以乌黑油润为好，黑褐、红褐者为次；乌龙茶以青褐光润为好，黄绿者为次。高品质的茶通常颜色较深，随着级别的下降，颜色渐浅。此外，茶叶的色泽还和茶树的产地及季节有很大关系。例如，高山绿茶色泽绿而略带黄；低山绿茶或平地绿茶的色泽则深绿有光。

总之，无论何种茶类，品质优者均色泽一致、光泽明亮、油润鲜活。若茶叶色泽不一、深浅不同、暗而无光，则说明其所用原料老嫩不一、做工差、品质劣。

（四）净度

茶叶的净度是指茶叶中杂质含量的多少，是判定茶叶品质优劣的重要指标。一般来说，茶叶的品质越高，茶叶中杂质的含量越少。茶叶中的杂质通常包括两种：一种是茶类杂质，如茶片、茶梗、茶末、茶籽等；另一种是非茶类杂质，如竹屑、木片、石灰、泥沙等。

（五）匀度

茶叶的匀度是指茶叶的大小、长短、粗细的均匀程度。在评判茶叶的匀度时，可以将茶叶倒入盘中，随后双手拿盘，按照一定的方向旋转数圈，使得茶叶分出层次。一般来说，体型大、身骨轻的茶叶在上部，细紧重实的茶叶在中部，细小的碎茶则在下部。中部的茶叶越多，说明茶叶的匀度越大，品质越好。

二、从内质鉴定品质

（一）汤色

汤色又称水色、汤门或水碗，是指茶叶冲泡后溶液所呈现的色泽。茶叶品类不同，汤色也会有明显的区别，同时，同一茶类中的不同品种、不同级别的茶叶，汤色也有一定差异。汤色有深浅、明暗、清浊之分。观察汤色，可从色度、亮度、清浊度等方面来辨别。

1. 色度

色度是指茶汤的颜色，如图 7-6 所示。一般来说，绿茶茶汤绿中呈黄；红茶茶汤呈红色；乌龙茶茶汤呈金黄色或橙黄色；白茶茶汤呈浅黄色。茶汤的浓度与色度密切相关，茶汤浓度高则色深，浓度低则色浅。

此外，若鲜叶处理不当，茶汤的颜色则不正。例如，红茶若发酵过度，则汤色会变得深暗。

图 7-6 茶汤

2. 亮度

亮度是指汤色的亮暗程度。茶汤亮度高，表明茶的品质好。例如，名优红茶的汤色通常红润明亮，且汤面沿碗沿能够形成鲜明的“金圈”。

3. 清浊度

清浊度是指茶汤清澈或浑浊的程度。品质好的茶，茶汤应清澈见底、纯净透明，不含杂质。

（二）叶底

叶底是指干茶经水冲泡后所展开的叶片。观察叶底，能够得知茶叶的叶质老嫩、匀度，以及了解加工工艺与储存方法是否合理。例如，绿茶在加工过程中，若杀青温度过高，叶底会留下细小焦斑；红茶若发酵不足，叶底会夹杂青色；等等。

优质的茶叶在冲泡后叶子会完全舒展，嫩度、大小、厚薄、整碎比较统一，色泽明亮，闻时始终会有淡淡茶香，如图 7-7 所示；劣质茶叶的叶底则不同，可能粗老、残缺，还可能有很多小黑点，如图 7-8 所示。

图 7-7 优质茶叶的叶底

图 7-8 劣质茶叶的叶底

（三）香气

茶人品茶，重在茶香。茶香就是茶叶本身和冲泡后散发出来的香气，是茶叶品质好坏的重要评定指标之一。

闻茶香，首先要闻干茶本身的香气。茶的种类不同，香气也不同，如绿茶的香气应清新鲜爽，红茶的香气应浓烈纯正，乌龙茶的香气应馥郁清幽等，花茶的香气应芬芳扑鼻。随后，要闻茶叶开泡后散发出来的香气。当茶泡好、茶汤倒出后，可以趁热打开壶盖闻茶叶香气，或端起茶杯闻茶汤的热香，同时判断香气的优劣，以花香、果香、蜜糖香等令人喜爱的香气为佳，而烟、馊、霉等异味为劣。最后，待茶叶凉后，再次进行闻嗅，以判断香气的持久性。

（四）滋味

作为一种饮品，茶滋味的好坏是判断其品质的关键。通过尝滋味，人们能够辨别茶汤的味道、纯度及浓淡等。一般来说，优质的茶喝起来甘醇浓稠，以微苦中带甘为佳，喝后喉头甘润，齿间留香，回味无穷。

同时，茶类不同，对滋味的要求亦不同。一般来说，绿茶滋味以鲜醇爽口、回味转甘为好；红茶滋味以浓醇强烈为好；乌龙茶滋味以清新醇厚、回味略甜醇为好；黑茶滋味以陈醇浓厚为好；黄茶滋味以浓而不涩、醇而爽口为好；白茶滋味以醇爽清甜为好。

茗香漫谈

一叶一茶背后的“匠人匠心”

在上海长宁，有一位茶行业专家，她爱茶亦懂茶。以工匠精神为引领，她在茶行业中深耕十余年，为茶行业的发展和茶文化的推广不断努力。

喝茶讲究一个“静”字。常静这个名字，仿佛天生就与茶有着紧密的联系。2008 年，常静从一名电视编导转变为茶行业的一员，但她对自己的要求并不止于卖茶。为了提升自己的专业水平，她先后参加了多门课程的学习，并在茶行业内不断沉淀自我。

2020 年 12 月，常静代表上海参加了我国首届全国职业技能大赛，她在茶艺（国赛精选）项目竞赛中摘得银牌，并为上海市茶行业收获了第一个“全国技术能手”称号。

在一次接受采访时，常静被问道：“你既是全国技术能手，又是国家一级评茶技师、国家一级制茶师，那么对你来说，制茶与评茶哪个更难？”她回答说：“从专业角度来说，加工应该是最难的。评茶员是通过五感来判定茶叶的品质，从外形、汤色、香气、滋味和叶底5个方面去客观分析、辨别、评价茶叶的一类工作人员，他们需要学会通过表象看本质，通过茶汤、叶底看到茶叶工艺的优势或者缺陷。而制茶师就不一样了，他们需要学习的是辨别茶青，也就是新鲜的茶叶，然后根据不同的品种、产区的气候、采摘的老嫩程度，结合制茶的技术掌握分寸，把这片茶叶的优点发挥到最好，是需要实战经验的。”

另外，她也强调：“制茶师与评茶技师有同样的劳动精神，即对技艺的执着，对事业的坚守，以及不断追求卓越的匠心。”

（资料来源：甘力心，《因为爱茶，她从电视节目编导成为国家一级评茶师》，“上海长宁”微信公众号，2023年5月3日）

任务测评

以下题目为不定项选择题，请仔细审题，并作答。

1．茶叶的条索主要反映的是茶叶的（　　）。

A．香气　　B．外形规格

C．滋味　　D．嫩度

2．在评估茶叶的嫩度时，不作为判断依据的是（　　）。

A．芽头的多少　　B．有无峰苗

C．条索的光糙度　　D．茶叶的色泽

3．高品质茶叶的色泽应该（　　）。

A．色泽不一、深浅不同

B．鲜艳夺目、五颜六色

C．光泽明亮、油润鲜活

D．暗而无光

4．下列选项中，被视为茶叶劣质表现的气味是（　　）。

A．花香　　B．霉味

C．果香　　D．蜜糖香

5．在观察叶底时，可以用来判断茶叶品质的是（　　）。

A．叶片的舒展程度　　B．叶片的嫩度

C．叶片的整碎程度　　D．叶片的色泽

模块实训

茶叶品质鉴定

【实训目的】

（1）掌握茶叶品质鉴定的基本方法，学会使用相关器具。

（2）提高对茶叶品质的认识和鉴别能力。

【实训时间】

2 小时。

【实训场所】

茶叶加工室。

【实训器具】

茶叶样品、放大镜、茶匙、茶杯、闻香杯、电子秤、温度计、计时器等。

【实训步骤】

（1）准备茶叶样品：将准备好的茶叶样品放置在茶盘上。

（2）观察外形：使用放大镜观察茶叶的外形，包括茶叶的形状、色泽、大小等。

（3）闻香气：将茶叶放入闻香杯中，轻轻摇晃，闻茶叶的香气。

（4）品滋味：将茶叶放入茶杯中，加入热水，静置片刻，然后品尝茶叶的滋味。

（5）检查叶底：观察茶叶泡开后的叶底，包括叶片的颜色、形状、大小等。

（6）记录结果：根据观察和品尝的结果，记录茶叶的品质特点，并填入表 7-1 中。

表 7-1　茶叶品质审评记录表

茶样名称	外观					内质			
	条索	嫩度	色泽	净度	匀度	汤色	叶底	香气	滋味

（7）讨论交流：学生之间分享自己的观察和品尝结果，讨论茶叶的品质特点。

（8）总结评价：教师对学生的整体表现进行评价，总结茶叶品质鉴定的要点。

模块评价

本模块的学习已告一段落，请同学们结合理论知识的学习情况，课前、课中和课后的任务完成情况，以及素质目标的达成情况 3 个方面，按照表 7-2 的评价标准对本模块的学习效果进行自评和互评，并请教师进行总体评价。

表 7-2　综合评价表

评价项目	评价内容	分值	得分		
			自评	互评	师评
知识评价	能够列举影响茶叶变质的因素	10			
	能够详细阐述不同种类茶叶所应具备的最佳储藏条件，包括温度、湿度、包装方式等	10			
	能够简要概括鉴定茶叶品质的要点	15			
技能评价	能够根据茶叶的种类、等级和预期储藏时间，选择并设定合适的储藏条件	15			
	能够通过观察茶叶的外观特征和感受其内质，准确鉴别茶叶的品质优劣	15			
	面对茶叶储藏过程中出现的各种问题，能够迅速分析原因，确定解决方案，并有效实施	15			
素质评价	具备将课堂上学到的理论知识灵活运用到实际生活中的能力	10			
	具备创新思维，勇于发现与探索	10			
合计		100			
总分	自评（30%）+互评（30%）+师评（40%）=				

专题三

茶艺演绎与礼仪传承

模块八

茶艺筹备

俗话说："器为茶之父，水为茶之母。"要想泡出好茶，就必须精选茶具和泡茶用水。其中，茶具是人们品饮和鉴赏茶汤的媒介。好的茶具能充分展现茶叶清雅、温润、柔美的特性，让人更好地感受茶温、茶香和茶味。同时，泡茶用水的水质也是影响人们品茶体验的重要因素之一。只有选对了水，才能让茶叶的香气得到充分释放，使品茶成为一种真正的享受。

学习目标

知识目标：

- 了解茶具的演变历史和分类。
- 了解泡茶用水的分类、不同类型的泡茶用水对泡茶效果的影响，以及泡茶用水的选择标准。

能力目标：

- 能够熟练掌握各类茶具的使用方法。
- 能够根据不同的茶叶类型选择合适的茶具，并选用合理的茶水比和冲泡时间来冲泡茶叶。

素质目标：

- 培养对茶具之美的感知能力。
- 培养细心、周到的服务意识，并培养职业素养。

模块导入

《茶经》中的茶具与煮茶之道

在唐代，饮茶风气大盛，茶文化也得到了高速发展。在这股潮流中，“茶圣”陆羽写了《茶经》一书。在《茶经》中，陆羽不仅详述了茶叶种植、采摘、制作的过程，还深入探讨了泡茶的器具选择标准、水质要求，以及饮茶时的礼仪规范，为后人留下了一部全面而系统的茶学著作，对茶文化的发展和传播产生了深远的影响。

陆羽对茶具非常重视。陆羽认为，茶具是泡茶的工具，也是不可或缺的艺术品，它能够增添品茶的雅趣。在《茶经》的“四之器”这一节中，陆羽详细阐述了24种茶具的外形、用途及选择标准等内容，展现了陆羽对茶具的独到见解。

陆羽还认为，泡茶用水对茶汤品质也具有重要的作用。他在《茶经》的“五之煮”这一节中提纲挈领，分析了如何选取适合煎茶的水。他说：“其水，用山水上，江水中，井水下。《荈赋》所谓：‘水则岷方之注，挹彼清流。’其山水，拣乳泉、石池漫流者上；其瀑涌湍漱，勿食之，久食，令人有颈疾。又多别流于山谷者，澄浸不泄，自火天至霜郊以前，或潜龙蓄毒于其间。饮者可决之，以流其恶，使新泉涓涓然，酌之。其江水，取去人远者。井，取汲多者。”①此外，陆羽还提出了“三沸”煮茶法，认为只有在水煮到恰到好处的“三沸”时，才能泡出“珍鲜馥烈”的好茶。

陆羽对茶道的深入研究和独到见解，为人们煮茶品茗提供了重要指导。

问题与思考：

你知道如何选择茶具和泡茶用水吗？请查阅《茶经》中关于茶具和泡茶用水的内容，分析陆羽对于茶具的选择标准，以及他对泡茶用水的水质要求和等级划分，然后谈一谈你个人的理解。

任务一 认识茶具

茶具是历代饮茶方式演变的重要见证。从最初的陶到后来的青铜、瓷、竹、石等，茶具的材质不断演变，反映了不同历史时期的茶文化。到了现代，茶具的选择变得更为讲究。根据不同茶类搭配不同的茶具，或者根据茶室风格配置不同的茶具等，已然成为爱茶人士个性和品位的体现。

---

① 杜斌译注：《茶经；续茶经》，中华书局，2020。

一、茶具的演变

泡茶器具演变史

茶具的演变经历了从无到有，从共用到专用，从粗糙到精致的历程。

从理论上讲，自古人开始饮茶之日起，茶具就应运而生。但在唐代之前，茶具基本上处于一器多用的状态，常与食具、酒具通用。随着茶逐渐成为人们日常的饮品，专用茶具开始出现，并在唐代步入了发展的黄金时期。

唐代，陶瓷茶具是茶具的主流。这类茶具造型别致，韵味悠然，以南方的越窑青瓷和北方的邢窑白瓷为代表，形成了“南青北白”的局面。在这一时期，茶具的种类丰富多样。例如，陆羽在《茶经》中专门介绍的二十四器，就包括风炉、釜、交床、筥、火筴、罗合、则等。这些茶具既体现了当时的工艺水平，也反映了当时茶文化的繁荣。

宋代，点茶法逐渐盛行，茶具也有了相应的变化。最具代表性的点茶器具为汤瓶、茶匙和茶盏。汤瓶又称“汤提点”，用于烧水冲茶；茶匙用于舀取茶粉、调茶膏；茶盏用于盛放茶汤。宋代茶盏的腹部较唐代茶盏更深，以福建建阳生产的建盏最为典型。

元代在茶文化发展史上属于过渡时期，其主流茶具延续了宋代的风格。

明代，散茶成为主流茶叶品类，与之相应的茶具也发生了变化，之前流行的点茶器具逐渐退出历史舞台，取而代之的是茶壶和茶杯等茶具。散茶讲究的是观形、品汤，因此景德镇的白瓷茶具及在此基础上发展起来的青花茶具、五彩茶具、斗彩茶具和颜色釉瓷茶具备受当时人们的喜爱。明代中期，紫砂茶具以其材质透气性好、可塑性强等优势，逐渐成为主要的泡茶器具，并一直流行至今。到了明代末期，盖碗出现并一直沿用至清代，成为清代的主流品饮器具。

清代，茶具基本沿袭明代，种类繁多，工艺精湛。这一时期，茶具以瓷制茶具为主，其中景德镇的青花瓷、粉彩瓷茶具尤为著名，其图案丰富多彩，以人物、花卉为主。此外，金属胎珐琅茶具也是清代的一大特色，它融合了中西技艺，具有独特的艺术魅力与艺术价值。

近现代茶具基本沿着明清茶具的轨迹不断发展和完善。到了 20 世纪 90 年代，特别是 21 世纪以来，随着中国茶产业的大发展，茶具行业也迎来新的发展机会。除了传统的陶、瓷、竹、木、石等材质，不锈钢、玻璃、树脂等新型材料也被用于茶具制作。同时，茶具的设计既传承了古代瓷器的精致典雅，又融入了现代元素。此外，电炉煮水的方式取代了以前的炭炉煮水，为人们泡茶饮茶带来了极大便利，充分地满足了当代人对快节奏泡茶饮茶的需求。

二、茶具的分类

（一）按照功能分类

按照功能的不同，现代茶具大致可以分为主要茶具和辅助茶具两大类。

1. 主要茶具

主要茶具包括煮水器、备茶器、泡茶器、盛汤器等，如表 8-1 所示。

表 8-1 主要茶具

茶具名称		主要用途	器具概述
煮水器	电水壶	加热及盛放泡茶用水	又称“水注”，有玻璃、金属等材质
备茶器	茶叶罐	储存茶叶	通常有盖子，可以避光，气密性好；有陶、瓷、金属、竹等材质
	茶荷	盛放将要冲泡的干茶，便于饮茶者观赏茶叶外形和色泽，还可作为投茶入壶或入杯的用具	有瓷、金属、竹、木等材质
	茶匙	拨取茶叶	通常为长柄、浅口小匙；有金属、竹、木等材质
	茶则	量取茶叶	有金属、竹、木等材质

续表

茶具名称		主要用途	器具概述
备茶器	 茶漏	常用在泡茶壶壶口，以防放置茶叶时，茶叶外漏	有不锈钢、陶、瓷、竹、木等材质
泡茶器	 茶壶	用来泡茶（多用于冲泡乌龙茶、黑茶等）	通常为带壶嘴的器皿，由壶盖、壶身、壶底、壶把 4 个部分组成；有玻璃、陶、瓷、金属等材质
	 盖碗	既可用来泡茶（多用于冲泡绿茶、乌龙茶、红茶），又可用来饮茶	又称“三才碗”，由碗、盖、杯 3 个部分组成；多为陶瓷质地，也有紫砂、玻璃等材质
盛汤器	 品茗杯	盛放茶汤和品茶	有玻璃、紫砂、金属等材质；方便携带，适合单人单杯使用，以握拿舒服、入口顺畅为佳
	 公道杯	盛装和分置从泡茶器中沥出的茶汤	分为无把公道杯和有把公道杯两种；最常见的材质为玻璃、陶、瓷
	 闻香杯	闻茶汤香气	通常无把，杯身细长，与品茗杯配套且质地相同

2. 辅助茶具

辅助茶具在茶事活动中起到辅助泡茶、饮茶的作用，主要包括茶盘、茶巾、茶夹、茶针、计时器、茶筒、杯托等，如表 8-2 所示。

表 8-2 辅助茶具

茶具名称	主要用途
茶盘（又称“茶船”）	用来放置茶壶、茶杯等茶具
茶巾	可以用来擦拭茶具，也可以用来擦拭泡茶、分茶时不小心洒出来的水滴、茶滴，还可以在注水、续水时托垫壶底，以免烫手
茶夹	用来夹取闻香杯和品茗杯，或者将茶渣从茶壶中夹出来
茶针	用来疏通泡茶壶壶嘴，防止茶叶堵塞泡茶壶
计时器	用来计算泡茶时间
茶筒	用来盛放茶夹、茶针等辅助茶具，与茶匙、茶则、茶漏、茶夹和茶针并称为“茶道组”或“茶道六君子”

续表

茶具名称	主要用途
杯托	用来放置闻香杯或品茗杯，材质一般与闻香杯、品茗杯相同

（二）按照材质分类

按照材质的不同，茶具可以分为瓷器茶具、陶土茶具、金属茶具、玻璃茶具、竹木茶具等。

1．瓷器茶具

瓷器茶具由高岭土、瓷石等材料烧制而成。其釉面光洁、易清洗，装饰多姿多彩，造型丰富多变，深受茶人的喜爱。

按照颜色的不同，瓷器茶具可以分为青瓷茶具（见图 8-1）、白瓷茶具（见图 8-2）、黑瓷茶具（见图 8-3）等。按照产地的不同，瓷器茶具可以分为江西景德镇瓷茶具、福建德化瓷茶具、浙江龙泉瓷茶具、湖南醴陵瓷茶具等。其中，景德镇瓷茶具最为著名。

图 8-1　青瓷茶具

图 8-2　白瓷茶具

图 8-3　黑瓷茶具

2．陶土茶具

陶土茶具（见图 8-4）主要由高岭土、紫砂陶土等材料烧制而成。陶土茶具保温性能好、透气性佳，非常适合用来冲泡发酵程度相对较高的茶类，如部分乌龙茶、红茶，以及后发酵的黑茶等。

江苏宜兴是陶土茶具的代表产地之一。当地特产一种紫砂陶土，这种陶土质地细腻柔韧，黏性强，渗透性好。用这种陶土烧制的紫砂茶具泡茶，既不夺茶香，又无熟汤气（即茶汤发馊的气味），还能较长时间保持茶叶的色、香、味。自明代起，江苏宜兴产的紫砂茶具便成为人们泡茶的佳选，江苏宜兴也逐渐发展成为名副其实的陶都。

紫砂茶具

（a）

（b）

图 8-4　陶土茶具

3．金属茶具

金属茶具（见图 8-5）是指由金、银、铜、铁、锡等金属材料制作而成的茶具。在我国，金属茶具历史悠久。古人在茶诗中频频提到“铜铛”“铜碾”等金属茶具，就说明金属茶具在古代已经被广泛使用。但自元代以后，尤其是从明代开始，随着茶类的增加、饮茶方式的改变及陶瓷茶具的兴起，金属茶具的使用逐渐减少。不过，由金属制成的储茶器具，如铜罐、锡罐等，因密闭性好且具有较好的防潮、避光性能，有利于茶叶的保存而一直沿用至今。

图 8-5　金属茶具

茗香漫谈

流光千载 唐韵悠长

在陕西省宝鸡市扶风县的法门寺博物馆内，一套制作精美的唐代宫廷茶具让众多游客驻足欣赏。这套茶具包括焙炙器、碾罗器、贮茶器、储盐器等器物。其中，一件外形似莲花的器物十分灵动。这件名为鎏金摩羯鱼三足架银盐台（见图 8-6）的文物是这组茶具中的储盐器，于 1987 年在法门寺地宫出土。

图 8-6 鎏金摩羯鱼三足架银盐台

制作精良的茶具

鎏金摩羯鱼三足架银盐台通高 27.9 厘米，盘面直径 16.1 厘米，重 564 克。该器物以白银为原料，其整体结构由钣金浇铸焊接而成。器物主体的部分纹饰采用錾刻工艺，并施以鎏金，既突出了图案，又形成了黄白相间、相互映衬的视觉效果。

鎏金摩羯鱼三足架银盐台由台盖、台盘、台架 3 个部分组成。其顶部形似莲花花蕾，台盖上饰有 3 条摩羯鱼，底部边缘上卷。台盘中心为莲蓬孔洞造型，用来放置食盐。底部的三足台架支撑盘身，足架中部有银丝盘曲伸出，摩羯鱼与莲蓬宝珠架于银丝末端。从整体上看，鎏金摩羯鱼三足架银盐台就像一株静立在水中的莲花，悬空摇曳、灵动轻盈。

錾文背后的故事

在唐代，人们认为调盐可以使茶汤更加鲜美。《茶经》记载：“初沸，则水合量调之以盐味，谓弃其啜余。”说明唐代人煮茶是要加盐的。鎏金摩羯鱼三足架银盐台正是为盛盐所制。

唐代丝绸之路的畅通，使得当时的中外文化交流非常频繁。这一时期的金银器深受中亚、西亚地区文化的影响，呈现出浓郁的异域特色。鎏金摩羯鱼三足架银盐台上那些构思精巧的摩羯鱼纹饰，生动再现了唐代多元文化交融的盛况。

值得一提的是，鎏金摩羯鱼三足架银盐台的三足架内侧还刻有錾文（用錾子在金属表面刻画的文字或图案）。这段錾文清楚地记载了该器物的制作时间、制作机构的名称，所用工艺、名称和重量，以及文思院判官和院使的名字。从錾文得知，鎏金摩羯鱼三足架银盐台是咸通九年（868）由文思院打造的。关于文思院的文献记载很少，相关研究也不多。“在法门寺地宫文物出土之前，很多专家认为，作为金银器制作机构的文思院设立于宋代。而法门寺地宫发掘出土的文物表明，唐代就已经存在文思院了。”法门寺博物馆馆长说。

鎏金摩羯鱼三足架银盐台反映了唐代物质文明的高度发达和工艺美术的高超技艺，为研究唐代文思院的历史提供了实物支撑，也为研究唐代的政治、经济、科技、艺术及社会生活提供了实物资料。

（资料来源：李静茹，《流光千载 唐韵悠长》，《陕西日报》，2024 年 7 月 19 日）

4．玻璃茶具

玻璃茶具（见图 8-7）质地透明、光泽夺目、形态多样。在我国，古人将玻璃称为“颇黎”“琉璃”等，并形容玻璃“其莹如水，其坚如玉”，认为它与水晶一样珍贵。随着玻璃制作技术的不断进步，玻璃这一材质得到了更为广泛的应用，用玻璃制成的茶具也逐渐普及。

图 8-7　玻璃茶具

用玻璃茶具泡茶的优点很多。例如，用玻璃茶具泡茶，人们可以看见茶叶在冲泡过程中徐徐舒展的曼妙姿态及茶汤鲜亮的色泽，别有一番风味；玻璃茶具密度高，气孔率和吸水率低，易于清洗，能够最大限度地保留茶香且不残留茶叶味道；等等。玻璃茶具也有明显的缺点，它导热速度较快，容易烫伤手，并且由于其材质的特性，极易破碎。

5．竹木茶具

竹木茶具是指用竹子或木材制成的茶具。因竹子和木材具有很好的隔热性能，它们常被用来制作茶盘和杯托。同时，由竹子和木材制成的辅助茶具，如茶则、茶针、茶夹等，也深受人们喜爱。竹木茶具成本低廉，对茶无污染，对人体无害，但易裂、易霉烂，不能长时间使用。

在我国，竹木茶具的应用非常广泛。云南少数民族地区的人们喜欢用竹子制作茶杯和茶壶，竹香与茶香融合在一起，别有一番风味。四川成都地区的瓷胎竹编茶具（见图 8-8）非常独特，这种茶具采用手工编织的方法在瓷器茶具的外壁缠绕竹丝，根根竹丝依茶具成型，所有的竹丝接头都藏而不露，使得竹丝与瓷器茶具浑然一体，宛若天成。

图 8-8　瓷胎竹编茶具

三、茶具的选择

不同材质的茶具会影响茶叶香气的留存、茶汤的温度和口感。总的来说，习茶者选择茶具时可以参考以下几点。

（一）因茶制宜

重香气的茶，如龙井、碧螺春等绿茶，适宜选用硬度大、密度高、吸水率低的瓷器茶具、玻璃茶具来冲泡。这样冲泡出来的茶香不易被吸收，茶汤喝起来特别清冽。

重滋味的茶，如铁观音、水仙、单丛等乌龙茶，适宜选用密度低、吸水率高的陶土茶具来冲泡。

重形态观赏的茶，如名优绿茶等，适宜选用透明的玻璃茶具来冲泡，这样可以让人欣赏茶叶在水中徐徐展开时的曼妙形态。

重汤色的茶，如红茶等，适宜选用内壁带白釉的茶具或透明的茶具来冲泡，这样可以让人欣赏到茶汤鲜艳的汤色。

（二）因人制宜

在不影响茶的色、香、味、形、美的前提下，茶具的选择要充分考虑人的因素。例如，有的人讲究茶的韵味，适宜选用茶壶泡茶；有的人更注重便利，适宜选用茶杯泡茶。

（三）因艺制宜

不同的茶艺对茶具有不同的要求。例如，经营型茶艺要求茶具能展示所冲泡茶叶的特征，并且提升顾客的消费体验；表演型茶艺则要求茶具美观，能提升整个表演的观赏性。简而言之，茶具是为茶艺服务的。

任务测评

以下题目为不定项选择题，请仔细审题，并作答。

1．古人在茶诗中频频提到的“铜铛”“铜碾”是（　　）。

A．陶土茶具　　B．瓷器茶具
C．紫砂茶具　　D．金属茶具

2．在（　　），茶具基本上处于一器多用状态，还没有出现专用茶具。

A．唐代　　B．元代
C．明清时期　　D．唐代以前

3．为适应散茶冲泡的需要，明代（　　）风靡天下。

A．邢窑白瓷茶具　　B．景德白瓷茶具
C．建阳黑陶茶具　　D．宜兴紫砂壶茶具

4．（　　）又称“三才碗”，蕴含“天盖之，地载之，人育之”的道理。

A．兔毫盏　　B．玉书煨　　C．盖碗　　D．茶荷

任务二 了解泡茶用水

一、泡茶用水的分类

泡茶用水

按照来源的不同，泡茶用水可大致分为天水类、地水类和再加工水类。

（一）天水类

天水主要包括雨水、雪水、露水等。在古代，这些自然降水被视为泡茶的优质水源。如今，由于各种污染，很多地方的天水含有水溶性的重金属残留，已经不宜作为泡茶用水。

（二）地水类

地水主要包括泉水、溪水、江水、河水、湖水和井水等。其中，泉水是最适合用来泡茶的水，溪水、江水、河水、湖水若符合泡茶用水的要求，也可以用来泡茶。井水能否用来泡茶，要视具体情况而定：浅层地下水易受污染，不宜用来泡茶；深井的活水则可以用来泡茶。

茗香漫谈

五大名泉

济南趵突泉

济南城内泉水众多，百泉争涌，其中名泉有七十二眼，趵突泉则为七十二名泉之冠。趵突泉泉眼位于山东省济南市趵突泉公园内的泺源堂前，其西侧建有观澜桥，可供游人观赏喷涌的趵突泉水。趵突泉的泉水从地下石灰岩溶洞中涌出，清澈透明，味道甘美，含菌量极低，用其泡茶，茶汤香正味醇。宋代文学家曾巩曾在品饮趵突泉泉水泡的茶后，写下“一派遥从玉水分，暗来都洒历山尘。滋荣冬茹温常早，润泽春茶味更真”[①]的诗句赞美趵突泉。清代乾隆皇帝南巡时，也曾对趵突泉的美丽景色和清澈甘甜的泉水给予了高度评价，并将趵突泉封为“天下第一泉”。

杭州虎跑泉

虎跑泉位于浙江省杭州市慧禅寺（俗称“虎跑寺”）侧院内，其泉水晶莹甘洌，居西湖诸泉之首，与西湖龙井茶并称“西湖双绝”。

关于虎跑泉的由来，有一段流传颇广的神话传说。据传，在唐元和年间，有位名叫性空的高僧游历到杭州，意欲久居，但他住的地方没有合适的水源。就在他一筹莫展之际，某日他梦见神仙相告：南岳衡山有童子泉，会遣二虎迁来此地。翌日，性空果然看见两只老虎刨地为穴，泉水喷涌而出。于是，性空为此泉取名虎跑泉。

苏州观音泉

观音泉位于江苏省苏州市虎丘寺观音殿后，又名“陆羽井”。唐代张又新在《煎茶水记》中将观音泉列为天下第三泉。观音泉泉水终年不断、清澈甘洌。以观音泉水泡碧螺春，别有一番滋味。

无锡惠山泉

惠山泉位于江苏省无锡市惠山第一峰白石坞下，于唐代大历十四年（779）开凿，迄今有1 200余年历史。相传，陆羽和刘伯刍等唐代著名茶人为天下泉水排名时，均将其列为第二，因此人们又将惠山泉称为“二泉”。宋代苏东坡对惠山泉情有独钟，曾为其作诗曰：“独携天上小团月，来试人间第二泉。”[②]元代书法家赵孟頫专为惠山泉书写了“天下第二泉”五个大字，这些字迹至今仍完好地保存在泉亭的后壁上。值得一提的是，著名二胡曲《二泉映月》即是以惠山泉为灵感创作的。

---

① 余道范：《泉水里的中国》，广东教育出版社，2021。

② 胡山源：《古今茶事》，商务印书馆，2023。

镇江中泠泉

中泠泉又称“南零水”，位于江苏省镇江市金山寺外，早在唐代就已闻名天下。相传，唐代刘伯刍在品尝了全国各地的沏茶用水后，将水分为七等，中泠泉因其水味和煮茶味皆佳被评为第一等。因此，刘伯刍认为中泠泉才应该是“天下第一泉”。南宋文天祥在其《太白楼》一诗中也指出，中泠泉是“扬子江心第一泉”。

（三）再加工水类

再加工水类是指经过工业净化处理的饮用水，包括自来水、纯净水、矿泉水等。

（1）自来水。自来水是最常见的生活饮用水。自来水中通常含有用于消毒的化学物质，如液氯、次氯酸钠、氯胺等。使用自来水泡茶时，应先将自来水置于容器中静置一天，待水中的氯挥发后，再将其煮开泡茶，或者用净水器将其净化后再使用。

（2）纯净水。纯净水不含任何杂质，非常适宜泡茶。其泡出的茶汤香味纯正，鲜醇爽口。

（3）矿泉水。矿泉水是指含有一定矿物质、微量元素或二氧化碳气体的水。由于部分矿泉水中的钙、镁、钠等金属离子含量较高，属于硬水，用其泡茶效果欠佳。因此，在使用矿泉水泡茶时，习茶者应注意筛选。

二、水质对茶汤的影响

（一）对茶汤滋味的影响

水的净度、硬度和 pH 值等因素均会影响茶汤的滋味。一般来说，用高净度的水冲泡的茶汤，滋味较为纯正。用软水（即不含或含少量可溶性钙镁化合物的水）冲泡的茶汤，滋味比较柔和；用硬水（即含有较多钙离子、镁离子的水）冲泡的茶汤口感苦涩。用 pH 值适中的水泡茶，有助于提升茶汤的鲜爽度和口感，而用 pH 值过高或过低的水泡茶，则会使茶汤滋味变差。

此外，水中的矿物质，如钠离子、钾离子和碳酸氢根离子等，也会对茶汤的滋味产生影响。适量的矿物质能提升茶汤的鲜爽度和甘甜度，但过多则可能与茶叶中的成分中和，削减茶味，影响茶汤口感。

（二）对茶汤香气的影响

水质直接影响着茶汤的香气。一般来说，清冽、甘甜且含适量矿物质的水能够使茶汤香气清新、细腻。随着水中矿物质含量的增加，茶汤香气的浓郁度会逐渐提高，但香气的纯正度会明显下降。特别是当用硬度过高或 pH 值过高的水泡茶时，茶汤香气的失真度较大，甚至可能会出现异味。

（三）对茶汤色泽的影响

一般来说，随着水中矿物质含量的增加，茶汤颜色会逐渐加深、变暗。硬水中富含钙离子、镁离子，这些离子与茶叶中的茶多酚发生反应后，会生成沉淀物，从而导致茶汤颜色加深、变暗；而含较少钙离子、镁离子的软水则能更好地呈现茶叶的色泽，使茶汤颜色更加明亮。此外，水中的碳酸氢根离子与茶叶中的多酚类化合物反应，也会形成沉淀，从而影响茶汤的清澈度。

三、择水标准

（一）古人择水标准

中国人历来讲究泡茶用水。茶圣陆羽在《茶经》中提到，“其水，用山水上，江水中，井水下”“其山水，拣乳泉、石池漫流者上。其瀑涌湍漱，勿食之，久食，令人有颈疾”。宋徽宗赵佶在《大观茶论》中提出，“水以清轻甘洁为美”①；明代许次纾在《茶疏》中强调，“精茗蕴香，借水而发，无水不可与论茶也”②；明代张大复在《梅花草堂笔谈》也提出，“茶性必发于水。八分之茶，遇水十分，茶亦十分矣。八分之水，试茶十分，茶只八分耳”③。

纵观古人的观点，其选水标准可以归纳为“清、轻、甘、冽、活、洁”。其中，“清”是指水质清澈透明，无异物和沉淀物；“轻”是指水中的杂质要少；“甘”是指水一入口，口中便要有一种甜美的感觉，无咸苦感；“冽”是指水含口中要有清冷感；“活”是指泡茶之水应是流动的活水，而不是静止的死水；“洁”是指水质洁净，无污染。

（二）现代人择水标准

现代人日常泡茶用水的标准，可以分为基本指标、良好指标和较优指标 3 个层次。

（1）基本指标：泡茶用水应符合《生活饮用水卫生标准》（GB 5749—2022），澄清透亮，无色，无异味，无浑浊，无沉淀物（肉眼可见的物质）。

（2）良好指标：在符合基本指标的前提下，水质应达到“三低”要求，即低矿化度、低硬度和低碱度。

（3）较优指标：在达到“三低”要求的前提下，水中的离子组成和比例要适当，应含有适量的溶解氧和二氧化碳，并且是富含气体的天然流动水。

---

① 王建荣编译：《大观茶论 寻茶问道》，江苏凤凰科学技术出版社，2021。

② 王玲：《中国茶文化》，九州出版社，2019。

③ 胡山源：《古今茶事》，商务印书馆，2023。

任务测评

以下题目为不定项选择题，请仔细审题，并作答。

1．宋徽宗赵佶在（　　）中提出，“水以清轻甘洁为美”。

A．《茶经》　　B．《续茶经》

C．《茶疏》　　D．《大观茶论》

2．水质的“三低”要求是指（　　）。

A．低矿化度　　B．低硬度

C．低酸度　　D．低碱度

3．下列选项中，最适合泡茶的是（　　）。

A．矿泉水　　B．纯净水

C．自来水　　D．江河水

4．泉水属于（　　）。

A．大水　　B．地水

C．再加工水　　D．纯净水

任务三　掌握茶的冲泡要点

一、茶水比

茶水比是指泡茶时，茶叶用量（以“克”为单位）与冲泡用水量（以“毫升”为单位）的比例。茶水比会影响茶汤的浓度，习茶者需要根据茶叶种类、茶具容量及品饮者的个人喜好调整茶水比。通常，习茶者可以参考表 8-3 中的茶水比泡茶。

表 8-3　茶水比建议

茶叶类别	适宜茶水比
红茶	1∶50～1∶80，即 1 克茶的用水量为 50～80 毫升
绿茶	1∶50～1∶80，即 1 克茶的用水量为 50～80 毫升
乌龙茶	1∶20～1∶30，即 1 克茶的用水量为 20～30 毫升
黑茶	1∶20～1∶30，即 1 克茶的用水量为 20～30 毫升
黄茶	1∶30～1∶50，即 1 克茶的用水量为 30～50 毫升
白茶	1∶30～1∶50，即 1 克茶的用水量为 30～50 毫升

二、冲泡水温

水温对茶叶的香气和口感有重要影响。宋代蔡襄在《茶录》中说："候汤最难，未熟则沫浮，过熟则茶沉。前世谓之蟹眼者，过熟汤也。沉瓶中煮之不可辨，故曰候汤最难。"①这句话生动地说明了确定适宜冲泡水温的难度。

总的来说，在浸出茶汤时，粗老、紧实、整叶的茶叶原料的浸出速度比细嫩、松散、碎叶的茶叶原料慢得多。因此，对于原料粗老的茶叶，冲泡水温应稍高一些，以95℃以上为宜；对于原料细嫩的名优茶，冲泡水温应稍低一些，以80℃左右为宜。

不同茶叶适合不同的冲泡水温。通常，不同茶叶的冲泡水温如下。

（1）红茶。一般来说，原料细嫩的红茶适合用80～85℃的水冲泡；大宗红茶或红碎茶适合用90～100℃的水冲泡。

（2）绿茶。一般来说，普通绿茶适合用80～85℃的水冲泡；原料细嫩的名优绿茶适合用70～75℃的水冲泡。这样冲泡出来的茶汤色泽清澈，香气醇正，滋味鲜爽，叶底明亮。冲泡绿茶切忌水温过高。如果水温过高，就会导致汤色变黄、茶味淡薄，还会降低饮茶的功效。同时，水温过高还可能导致茶芽无法直立，大大降低绿茶冲泡过程的观赏性。

（3）乌龙茶。乌龙茶适合用90～100℃的水冲泡。为了避免冲泡乌龙茶时水温降低，习茶者还需要在泡茶前用开水烫热茶壶，并在冲泡茶叶的过程中用开水淋壶以使其保持温度。

（4）黑茶。黑茶多为紧压茶。为了更好地析出茶多酚、咖啡碱等内含物质，使茶汤味道更加醇和，黑茶通常需要用100℃的沸水冲泡。

（5）黄茶。一般来说，原料较为细嫩的黄芽茶和黄小茶适合用80～85℃的水冲泡，这样可以避免泡熟茶芽，使泡出来的茶芽条条挺立，犹如雨后春笋；原料较粗老的黄大茶适合用95～100℃的水冲泡，以便茶的内含物更好地析出。

（6）白茶。白茶未经揉捻，茶汤不易析出，因此，白茶适宜的冲泡水温相对较高。一般来说，当年产的新白茶适合用90～95℃的水冲泡；陈年的白茶适合用100℃的沸水进行冲泡，甚至还可以煮饮。

三、冲泡时间

茶叶冲泡时间的长短不仅会影响茶汤的香气、口感和色泽，还会影响茶汤的营养价值。不同类型的茶叶适合不同的冲泡时间。一般来说，红茶需要冲泡3～5分钟，才能充

① 杜斌译注：《茶经；续茶经》，中华书局，2020。

分释放其香气和滋味；绿茶的冲泡时间较短，2～3 分钟即可；乌龙茶的冲泡时间约为 2 分钟；黑茶的冲泡时间较长，一般以 5 分钟左右为佳；黄茶需要冲泡 2～3 分钟；白茶前几泡应在 5 秒左右出汤，之后可适当延长冲泡时间。

任务测评

以下题目为不定项选择题，请仔细审题，并作答。

1．不同的茶水比会影响茶汤的浓度，习茶者需要根据（　　）等因素确定茶水比。

A．茶具容量　　B．水温

C．冲泡时间　　D．茶叶种类

2．茶叶的冲泡水温因茶而异，普通绿茶可用（　　）的水冲泡。

A．90～100℃　　B．80～90℃

C．80～85℃　　D．70～80℃

3．茶的冲泡要点包括（　　）。

A．茶叶品质　　B．茶水比

C．冲泡水温　　D．冲泡时间

模块实训

探究水质对茶汤的影响

【实训目的】

通过观察不同水质对茶汤品质的影响，加深对泡茶择水的认识，提高在泡茶筹备和操作等方面的技能。

【实训时间】

40 分钟。

【实训准备】

3 种不同水质的水（自来水、纯净水、矿泉水）、杯碗、不同类型的茶叶、计时器、煮水壶等。

【实训方法】

教师示范，学生分组冲泡并品鉴，小组讨论。

【实训步骤】

（1）教师讲解并示范茶叶冲泡的流程及要求。

（2）全班学生每 4～6 人一组，组成若干小组。

（3）每组选择 3 种不同的茶叶。各组分别先取出 1 种茶叶，用 3 种不同的水依次冲泡茶叶，观察茶汤的汤色和香气，品尝茶汤的滋味。然后，小组成员轮流描述自己对汤色、香气和滋味的看法。

（4）品尝完成后，各组讨论不同水质对茶汤汤色、香气和滋味的影响。

（5）各组用同样的方法冲泡其他两种茶叶并品尝茶汤，然后讨论不同水质对不同茶叶冲泡效果的影响。

（6）学生将本组的讨论结果填写在表 8-4 中，然后总结经验，撰写并提交实践报告。

表 8-4　水质对茶汤影响分析表

茶叶类型	水质	汤色	香气	滋味
	自来水			
	纯净水			
	矿泉水			
	自来水			
	纯净水			
	矿泉水			
	自来水			
	纯净水			
	矿泉水			
结论	水质对汤色的影响： 水质对香气的影响： 水质对滋味的影响：			

模块评价

本模块的学习已告一段落，请同学们结合理论知识的学习情况，课前、课中和课后的任务完成情况，以及素质目标的达成情况 3 个方面，按照表 8-5 的评价标准对本模块的学习效果进行自评和互评，并请教师进行总体评价。

表 8-5 综合评价表

评价项目	评价内容	分值	得分		
			自评	互评	师评
知识评价	能够简要阐述茶具的演变历史、分类和选择方法	15			
	能够简要阐述泡茶用水的分类和选择标准，以及水质对茶汤的影响	15			
	能够详细阐述茶水比、冲泡水温和冲泡时间对茶汤的影响	15			
技能评价	能够准确分辨茶具的类型，并为不同类型的茶叶选择适宜的茶具	10			
	能够为不同类型的茶叶选择合适的茶水比、冲泡水温和冲泡时间	10			
	能够积极完成课后实训活动，结合实践撰写实践报告，并根据实训情况进行反思与总结	15			
素质评价	具备良好的团队合作意识	10			
	开展自主、合作、探究学习，提高解决实际问题的能力	10			
合计		100			
总分	自评（30%）+互评（30%）+师评（40%）=				

模块九

茶艺技艺

茶艺即泡茶的技艺和品茶的艺术，在中国有着悠久的历史和深厚的文化底蕴，是中华优秀传统文化的重要组成部分。学习茶艺，不仅有助于习茶者泡好茶、喝好茶，还能让习茶者深入认识我国的茶文化，进而提升自身文化素养。同时，茶艺也是一种生活的艺术和修身养性的方式。通过学习茶艺技艺，习茶者可以更好地感受茶的美妙，提升生活品位，丰富生活情趣。

学习目标

知识目标：

- 了解玻璃杯冲泡技艺、盖碗冲泡技艺和紫砂壶双杯冲泡技艺适合的茶叶类型。
- 熟记玻璃杯冲泡技艺、盖碗冲泡技艺和紫砂壶双杯冲泡技艺的冲泡步骤。
- 熟记品茶的要点及其注意事项。

能力目标：

- 能够完整地进行茶艺表演。
- 能够优雅地品茶，并描述品茶的感受。

素质目标：

- 感受中国茶艺之美，提高对中华优秀传统文化的认识。
- 培养耐心、细心的良好品质。

古代泡茶的精粹技艺

“五之煮”是陆羽《茶经》中读起来美感最丰盈的一节。在这一节中，陆羽详细讲述了人们炙茶、碾茶、取炭、取水、煮茶、候汤、饮茶的全过程。假如习茶者按照陆羽的方法进行一次泡茶饮茶活动，那将是一件极为奢侈的事。因此，陆羽在后续的“六之饮”中，也说出了自己的心声，即“茶有九难：一曰造，二曰别，三曰器，四曰火，五曰水，六曰炙，七曰末，八曰煮，九曰饮”。

据说，凡是喝过陆羽亲手煮的茶的人，都会终生难忘。将陆羽亲手抚养长大的积公师父，在喝完陆羽煮过的茶后，再也不想喝其他人煮的茶了。后来，在皇帝召人入宫煮茶时，积公师父说：“让陆羽去吧，这世上没有谁煮茶能超过他。”

问题与思考：

（1）请说一说你对陆羽“茶有九难”的理解。

（2）你会泡茶吗？在日常生活中，你是如何泡茶和饮茶的？

任务一 掌握茶的冲泡技艺

一、玻璃杯冲泡技艺

玻璃杯晶莹透明，使用玻璃杯泡茶有很多优点。适合用玻璃杯冲泡的茶叶主要包括绿茶和部分白茶（如白毫银针）、乌龙茶（如铁观音）、黑茶（如普洱茶）等。下面以绿茶为例，介绍玻璃杯冲泡技艺。

绿茶玻璃杯冲泡（以下投法为例）

用玻璃杯冲泡茶叶的主要步骤如下（以下投法为例）。

（1）备具：将玻璃杯（其数量根据品茗人数而定）、杯托、玻璃茶壶、茶荷、茶则、茶巾等茶具有序地置于茶盘中，如图 9-1 所示。

图 9-1　备具

茗香漫谈

绿茶的玻璃杯冲泡方法

绿茶的玻璃杯冲泡方法主要有 3 种，即上投法、中投法和下投法，如图 9-2 所示。

图 9-2　绿茶的玻璃杯冲泡方法

上投法是指在冲泡绿茶时，先将热水注入玻璃杯中至七分满，再将茶叶拨入杯中的冲泡方法。上投法适合冲泡外形紧结密实且容易下沉的茶叶，如碧螺春等。

中投法是指在冲泡绿茶时，先在杯中注入 1/3 左右的热水，再将茶叶拨入杯中，然后轻轻地摇晃杯子以加快茶叶吸收水分的速度，接着将热水注入杯中至七分满的冲泡方法。中投法适合冲泡外形纤细的绿茶，如黄山毛峰等。

下投法是指在冲泡绿茶时，先将茶叶拨入杯中，再注入 1/3 左右的热水温润干茶，然后轻轻地摇晃杯子以加快茶叶吸收水分的速度，接着将热水注入杯中至七分满的冲泡方法。下投法适合冲泡外形扁平光滑、茶形松散且不易下沉的绿茶，如西湖龙井等。

（2）布具：将准备好的茶具按照“左干右湿”的原则摆放好，如图 9-3 所示。

（a）

（b）

图 9-3　布具

（3）取茶：用茶则（或茶匙）从茶叶罐中取出适量干茶，并将干茶放到茶荷中，如图 9-4 所示。

（4）赏茶：先观察茶叶外形，再按照从右到左的顺序向客人展示茶叶外形，如图 9-5 所示。

图 9-4　取茶

图 9-5　赏茶

（5）温杯：按照从右到左的顺序，向玻璃茶杯中依次注入约 1/3 的水，然后慢慢按照逆时针方向转动每个玻璃茶杯，让玻璃茶杯内壁与热水充分接触，如图 9-6 所示。然后，将玻璃杯中的水倒掉。

（a）

（b）

图 9-6　温杯

（6）置茶：按照从右到左的顺序，依次向每个玻璃杯中投入茶叶，如图 9-7 所示。茶水比为 1∶50。

（7）温润泡：将水温为 80℃左右的热水注入玻璃杯中，注水量为杯子容量的 1/3 左右。注水时，应让水沿着玻璃杯的内壁缓缓流下，以免水直接浇在茶叶上，从而烫坏茶叶，如图 9-8 所示。

图 9-7　置茶

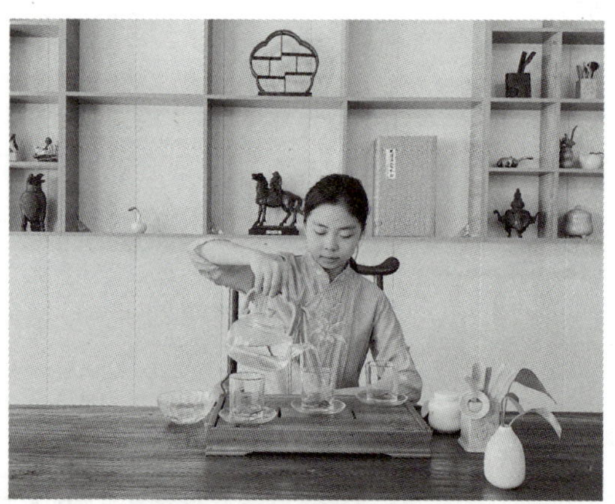
图 9-8　温润泡

（8）摇香：将热水注入玻璃杯中后，可用左手托住玻璃杯底部，右手握住玻璃杯，逆时针摇动杯身 3 圈后回正，从而使茶叶充分吸收水分而舒展开来，如图 9-9 所示。摇香的时间应控制在 10 秒左右。

（9）冲泡：采用“凤凰三点头”（即手提水壶高冲低斟反复 3 次。此动作恰似凤凰点头，因此雅称“凤凰三点头”）的冲泡手法进行冲泡，提壶注水至玻璃杯七分满，如图 9-10 所示。

图 9-9 摇香

图 9-10 冲泡

（10）奉茶：右手持杯，左手托住奉茶盘；将茶送至客人面前后，行伸掌礼，做出“请”的姿势，同时可说“请您品茶”，如图 9-11 所示。

（a）

（b）

图 9-11 奉茶

（11）收具：收拾并清洗茶具，并将茶具归位，如图 9-12 所示。

图 9-12 收具

二、盖碗冲泡技艺

适合用盖碗冲泡的茶叶有绿茶、黄茶、白茶、红茶等。下面以红茶为例，介绍盖碗冲泡技艺。

红茶盖碗冲泡

用盖碗冲泡茶叶的主要步骤如下。

（1）备具：将盖碗、茶壶、品茗杯、茶荷、茶则、茶巾等茶具有序地置于茶盘中，如图 9-13 所示。其中，品茗杯需要倒扣在茶盘上，放在茶盘中间。

图 9-13　备具

（2）布具：将准备好的茶具按照“左干右湿”的原则摆放好，如图 9-14 所示。

（a）

（b）

图 9-14　布具

（3）取茶：用茶则（或茶匙）从茶叶罐中取出适量干茶，并将干茶放到茶荷中，如图 9-15 所示。

（4）赏茶：先观察茶叶外形，再按照从右至左的顺序向客人展示茶叶外形，让客人欣赏干茶茶姿，如图 9-16 所示。

图 9-15 取茶

图 9-16 赏茶

（5）温杯：将热水倒入盖碗，然后按照公道杯、品茗杯的顺序温热茶具，如图 9-17 所示。

温热公道杯

温热品茗杯

图 9-17 温杯

（6）置茶：用茶匙或茶荷，将适量茶叶轻轻拨入盖碗中，如图 9-18 所示。

（7）温润泡：将热水注入盖碗中，注水量为盖碗容量的 1/3 左右，水必须没过茶叶，如图 9-19 所示。

（8）摇香：将热水注入盖碗中后，可用左手托住盖碗底部，右手握住盖碗，逆时针快速转动盖碗 3 圈后回正，使茶叶在水里得到充分浸润，如图 9-20 所示。

（9）冲泡：采用提壶定点高冲的冲泡手法，将 90℃左右的热水注入盖碗中，利用热水冲力的作用使茶叶在碗中翻滚，从而使茶叶的香气得到充分散发，如图 9-21 所示。然后，迅速盖上碗盖，碗与盖之间要留一条缝隙。

图 9-18 置茶

图 9-19 温润泡

图 9-20 摇香

图 9-21 冲泡

（10）分汤：采用低斟的方式，将茶汤沥入公道杯中，再将茶汤分至品茗杯中，如图 9-22 所示。

将茶汤沥入公道杯

将茶汤分至品茗杯

图 9-22 分汤

（11）奉茶：将品茗杯放在奉茶盘上，起身，将茶奉至客人面前，行伸掌礼，做出“请”的姿势，同时可说“请您品茶”，如图 9-23 所示。

（12）收具：收拾并清洗茶具，并将茶具归位，如图 9-24 所示。

图 9-23　奉茶

图 9-24　收具

需要注意的是，采用盖碗冲泡茶叶时，盖、碗、托三者不应分开使用；斟倒茶汤时，习茶者应用食指轻按盖钮、拇指和中指紧扣碗的边缘，将盖斜放，使其与碗的边缘之间留有一定的缝隙，以便茶汤从缝隙中流出。

三、紫砂壶双杯冲泡技艺

紫砂壶具有良好的透气性和保温性，多为收口、深腹，可以聚香，是冲泡茶叶的佳选。双杯是指品茗杯和闻香杯。其中，品茗杯以内壁白色为佳，便于观汤色；闻香杯以圆柱状、稍高、收口为佳，便于闻香。紫砂壶双杯冲泡技艺包括一系列精心设计的步骤，旨在最大限度地释放茶叶的香气和味道，同时为品茶者提供一种高雅的品饮体验。

乌龙茶紫砂壶冲泡

下面以乌龙茶为例，介绍紫砂壶双杯冲泡技艺。

（1）备具：将玻璃茶壶、紫砂壶、茶叶罐、品茗杯、闻香杯、茶荷、茶则、茶巾等茶具有序地置于茶盘中，如图 9-25 所示。

（2）布具：将准备好的茶具按照“左干右湿”的原则摆放好，同时要做到茶席美观，如图 9-26 所示。

（3）取茶：用茶则（或茶匙）从茶叶罐中取出适量干茶，并将干茶放到茶荷中，如图 9-27 所示。

（4）赏茶：双手拿起茶荷置于胸前，按照从右至左的顺序向客人展示，让客人欣赏干茶茶姿，如图 9-28 所示。

图 9-25　备具

（a）

（b）

图 9-26　布具

图 9-27　取茶

图 9-28　赏茶

（5）温壶：右手提壶向紫砂壶中注水，轻轻摇动紫砂壶以温热壶身，然后将紫砂壶中的水依次注入闻香杯中，如图 9-29 所示。

向紫砂壶中注水

温热壶身

将水注入闻香杯

图 9-29 温壶

（6）置茶：用茶匙或茶荷，将适量茶叶拨入紫砂壶中，如图 9-30 所示。

（7）温润泡：将热水注入紫砂壶中，再将紫砂壶中的茶汤注入品茗杯，如图 9-31 所示。

图 9-30 置茶

图 9-31 温润泡

（8）冲泡：向紫砂壶中注水至壶口位置。

（9）淋壶：双手拿取闻香杯，将杯中的水淋于壶身，如图 9-32 所示。然后将闻香杯放回原处，再依次将剩余闻香杯中的淋于壶身。

（a）

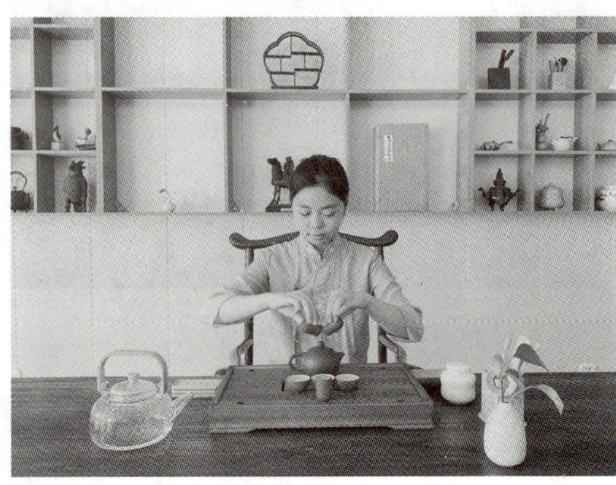

（b）

图 9-32 淋壶

（10）温杯：双手拿取品茗杯，将其中的茶汤倒掉，然后将品茗杯放回原处，如图 9-33 所示。

（11）出汤：拿起紫砂壶将茶汤依次注入闻香杯，然后，将品茗杯倒扣在闻香杯上，再用大拇指和中指扣住品茗杯和闻香杯，快速翻转，使闻香杯中的茶汤倒入品茗杯中，如图 9-34 所示。

图 9-33 温杯

图 9-34 出汤

（12）奉茶：将闻香杯与品茗杯放入杯托中，再置于奉茶盘中。起身，双手端取奉茶盘，走至客人面前，奉茶，行伸掌礼，如图 9-35 所示。

（13）收具：收拾并清洗茶具，并将茶具归位，向客人行鞠躬礼，如图 9-36 所示。

图 9-35 奉茶

图 9-36 鞠躬礼

任务测评

学生分组练习玻璃杯冲泡技艺、盖碗冲泡技艺和紫砂壶双杯冲泡技艺的冲泡步骤。在练习结束后，各组参考表 9-1、表 9-2、表 9-3 所列的评价标准对每位成员的练习情况进行评价，并请教师给出改进建议。

表 9-1 玻璃杯冲泡技艺练习评价表

评价项目	评价步骤	评价要求	分值	得分
玻璃杯冲泡技艺	备具与布具	茶具准备齐全，摆放合理有序	10	
	取茶与赏茶	动作轻柔大方且赏心悦目	10	
	温杯	水量均匀，茶杯能充分受热	15	
	置茶	茶量适宜、均匀，置茶方式恰当、优美	15	
	温润泡	注水量合理，没有水花四溅的情况出现	10	
	摇香与冲泡	注水动作熟练、优美，茶汤均匀	15	
	奉茶	言语有礼，姿态优雅大方	10	
	收具	茶具及时得到清洁并摆放整齐	5	
其他	仪容仪表	服饰干净整洁；表情自然，始终面带微笑	10	
总分				
教师建议				

表 9-2　盖碗冲泡技艺练习评价表

评价项目	评价步骤	评价要求	分值	得分
盖碗冲泡技艺	备具与布具	茶具准备齐全，摆放合理有序	10	
	取茶与赏茶	动作轻柔大方且赏心悦目	10	
	温杯	水量均匀，茶杯能充分受热	10	
	置茶	茶量适宜、均匀，置茶方式恰当、优美	10	
	温润泡	注水量合理，没有水花四溅的情况出现	10	
	摇香与冲泡	注水动作熟练、优美；茶叶在水里得到充分浸润，茶香四溢	15	
	分汤	茶汤均匀	10	
	奉茶	言语有礼，姿态优雅大方	10	
	收具	茶具及时得到清洁并摆放整齐	5	
其他	仪容仪表	服饰干净整洁；表情自然，始终面带微笑	10	
总分				
教师建议				

表 9-3　紫砂壶双杯冲泡技艺练习评价表

评价项目	评价步骤	评价要求	分值	得分
紫砂壶双杯冲泡技艺	备具与布具	茶具准备齐全，摆放合理有序	10	
	取茶与赏茶	动作轻柔大方且赏心悦目；干茶叶能得到充分展示	10	
	温壶	动作轻缓、标准，出水量均匀	5	
	置茶	茶量适宜、均匀，置茶方式恰当、优美	10	
	温润泡	注水量合理，无水花四溅的情况	10	
	冲泡与淋壶	动作熟练、有序	10	
	温杯	水量均匀，茶杯能充分受热	5	
	出汤	动作迅速，倒扣与翻转品茗杯时没有水花四溅的情况出现；分出的茶汤均匀	10	
	奉茶	言语有礼，姿态优雅大方	10	
	收具	茶具及时得到清洁并摆放整齐	10	
其他	仪容仪表	服饰干净整洁；表情自然，始终面带微笑	10	
总分				
教师建议				

任务二 掌握品茶方法

一、品茶要点

（一）观叶

观叶即观察茶叶的外形、茶汤颜色和叶底。

1．观察茶叶外形

茶叶品类不同，外形也不同。但总的来说，优质茶叶应外形统一、大小整齐、匀净度好。

2．观察茶汤颜色

茶汤颜色又称“汤色”，是指茶叶冲泡后的溶液所呈现的色泽。茶叶品类不同，茶汤颜色也会有明显的区别。同时，同一品类中不同品种、不同级别的茶叶，其茶汤颜色也有一定差异。

茶汤颜色有深浅、明暗、清浊之分。在鉴别汤色时，品茗者可从色度、亮度、清浊度等方面进行观察。

3．观察叶底

叶底是指干茶经水冲泡后所展开的叶片。喝完茶后，品茗者可以通过观察叶底，从匀度、色泽、舒展程度等方面判断茶叶的完整度和品质。

（二）闻香

闻香有干闻和湿闻两种方式。

1．干闻

干闻是指在冲泡茶叶前，先闻其干茶的茶香。干闻可以分为两种：一种是品茗者直接将鼻子靠近茶叶嗅闻茶的香气，但这种方法闻到的茶叶香气相对比较轻微；另一种是品茗者把茶叶放入用热水烫过的茶碗内，盖上盖子并轻轻摇动茶碗，然后打开碗盖，趁热闻香。

2．湿闻

湿闻是指在茶叶与水接触后再闻茶香。湿闻分为以下几种。

（1）热嗅：开泡茶叶后趁热闻其香气。

（2）温嗅：等茶汤稍凉时闻茶香，以分辨茶香的类型，判断茶香的浓淡。

（3）冷嗅：等茶汤完全冷却后，一些之前可能被掩盖的气味会显现出来，这时闻茶盖或杯底的留香，可以捕捉到与茶热时不同的香气。

茗香漫谈

茶香的类型

茶香源自茶叶中可挥发的芳香物质，这些芳香物质虽然含量不高，但是其种类极其复杂。各种成分及其不同的组成比例形成了各类茶的独特风味。

茶香的常见类型有以下几种。

（1）毫香：嫩度较好、芽头带茶毫的鲜叶所制茶叶带有的一种特殊的香气。茶毫越显露，毫香越明显。君山银针、黄山毛峰、白毫银针等常带有毫香。

（2）嫩香：类似刚剥开的嫩蚕豆的香气，或者嫩笋尖被掰断的一瞬间，四周空气里弥漫的鲜香气息。嫩香在原料细嫩的春茶当中比较常见，并且原料越嫩，嫩香越明显。信阳毛尖、蒙顶甘露、明前龙井等常带有嫩香。

（3）花香：有兰花香、玫瑰香、栀子香等不同的香型。例如，舒城小兰花（绿茶）、武夷奇兰（乌龙茶）、清香型铁观音（乌龙茶）、高山白牡丹（白茶）等都具有兰花香。又如，祁门红茶有着令人愉悦的独特花香，其香气被称为“祁门香”。

（4）果香：类似某种鲜果香气，如毛桃香、蜜桃香、雪梨香、佛手香、橘子香、李子香、菠萝香、苹果香等。红茶常带有苹果香。

（5）清香：接近鲜叶摊放后的香气，味道清纯。清香是绿茶的典型香型。另外，少数闷堆程度较轻的黄茶也带有此香。

（6）甜香：香气清甜、雅致，类似雨后森林中的草木香。甜香也是红茶的典型香型之一。

（7）干果香：类似某种干果的香气，常见于存放年份久、陈化度较高的茶叶类型中。

（8）火香：类似炒豆、炒板栗、烤花生的香气。火香是特定工艺的产物，通常是由于烘焙充足、火温高，糖类焦糖化而产生的。火香包括米糕香、高火香、老火香及锅巴香，代表茶叶有黄大茶和武夷岩茶等。

（9）陈香：类似于老木家具散发出来的深沉香气。陈香常见于普洱熟茶，以及通过长期存放转化程度非常高的生茶中。

（三）尝味

尝味即品尝茶汤滋味。在尝味时，品茗者要动作自然，分三次品饮：一品滋味，二品浓度和醇度，三品韵味和层次。茶汤一入口，苦涩的味道就会慢慢化开，随后逐渐浮现丝丝甜味。啜饮茶汤后，品茗者可以让茶汤在口中稍做停留，让其与味蕾充分接触，从而充分体会茶的浓烈、鲜爽、醇厚等韵味。需要注意的是，品饮的速度不宜过快，品茗者应小口啜饮茶汤，细细品味。

二、品茶注意事项

在品茶时，品茗者需要注意以下几点。

（1）当茶汤较烫时，应待其自然冷却到合适的温度后再品饮，不可用嘴吹气使之降温。

（2）如果不慎把茶叶喝入口中，应咀嚼后咽下，不可吐出或用手取出。

（3）当一杯茶喝完后想要续茶时，应耐心等待习茶者来续茶，不可自己续茶。

任务测评

以下题目为不定项选择题，请仔细审题，并作答。

1．在品茶时，品茗者可以从（　　）等方面来观察茶汤颜色。

A．色度　　B．亮度

C．清浊度　　D．完整度

2．等茶汤稍凉时闻茶香是（　　）。

A．干闻　　B．热嗅

C．冷嗅　　D．温嗅

3．适合用盖碗冲泡的茶叶有（　　）。

A．绿茶　　B．黄茶

C．白茶　　D．红茶

模块实训

茶叶的冲泡与品鉴

【实训目的】

加深对茶艺的认识，掌握基本的茶叶冲泡技巧和流程，提升品茶水平。

【实训时间】

40 分钟。

【实训准备】

不同类型的茶叶，全套茶具。

【实训方法】

分组练习，分组品鉴，小组讨论。

【实训步骤】

（1）全班学生每4~6人一组，组成若干小组。

（2）各小组成员轮流选择1种茶叶及适合的茶具，按照所选茶叶的冲泡步骤练习冲泡，其他小组成员注意观看。

（3）在冲泡结束后，小组成员轮流品尝茶汤，鉴定不同茶叶的品质，并描述自己对茶汤的感受。

（4）各组讨论冲泡茶叶的注意事项，并根据小组成员泡茶和品茶的情况总结容易出错的地方。

（5）各组参考表9-4所列的评价标准对每个成员的练习情况进行评价。

表9-4　练习评价表

评价项目	评价要求	分值	小组评分
备具	所选茶具适合冲泡所选茶叶	10	
	物品齐全、摆放整齐	10	
冲泡	手法正确，动作规范	10	
	投茶量适当	10	
	冲泡步骤准确	10	
	姿态优美，礼仪周全	10	
品鉴	积极参与活动	10	
	能够准确地描述自己对茶汤外形、颜色、叶底、香气、滋味等方面的感受	20	
	能够较为准确地鉴别不同茶叶的品质	10	
总分		100	

模块评价

本模块的学习已告一段落，请同学们结合理论知识的学习情况，课前、课中和课后的任务完成情况，以及素质目标的达成情况 3 个方面，按照表 9-5 的评价标准对本模块的学习效果进行自评和互评，并请教师进行总体评价。

表 9-5 综合评价表

评价项目	评价内容	分值	得分		
			自评	互评	师评
知识评价	能够说出玻璃杯冲泡技艺、盖碗冲泡技艺和紫砂壶双杯冲泡技艺分别适合冲泡的茶叶类型	5			
	能够详细阐述玻璃杯冲泡技艺、盖碗冲泡技艺和紫砂壶双杯冲泡技艺的具体步骤	15			
	能够简要阐述品茶要点及其注意事项	15			
技能评价	能够根据玻璃杯冲泡技艺、盖碗冲泡技艺和紫砂壶双杯冲泡技艺的要求，熟练地冲泡不同类型的茶叶	15			
	能够识别不同茶叶在外形、茶汤颜色、叶底、香气和滋味等方面的不同，并用恰当的语言进行描述	15			
	能够积极完成课后实训活动，并根据实训情况进行反思与总结	15			
素质评价	通过学习茶叶冲泡技艺与品茶，培养耐心、细心和专注力	10			
	积极培养和提高对美的欣赏能力、感知能力	10			
合计		100			
总分	自评（30%）+互评（30%）+师评（40%）=				

模块十

茶艺礼仪

茶艺礼仪作为茶文化的重要组成部分，有着深厚的文化底蕴，它不仅是泡茶品茗的礼仪规范，还是中华民族传统美德的体现。在茶艺表演中，习茶者通过精湛的茶艺技巧和规范的礼仪动作，展现了优雅的风度和从容的气质；在品茗过程中，品茗者礼貌的回应则表达了对习茶者的认可与感谢。深入了解和掌握茶艺礼仪，不仅是对传统文化的传承与发扬，还是对现代生活品质的一种提升与追求。

学习目标

知识目标：

- 熟记仪容礼仪和姿态礼仪的要点。
- 了解鞠躬礼、奉茶礼、叩指礼和握杯礼的动作要点。

能力目标：

- 在茶事活动中，能够打扮得体，举止规范。
- 在茶事服务中，能够正确使用鞠躬礼、奉茶礼、叩指礼和握杯礼。

素质目标：

- 感知中国礼仪之美，通过礼仪规范自己的言行举止，塑造自然、得体、高雅的外在形象。
- 培养平和、谦恭的处事心态。

模块导入

中国的茶礼

在古代的祭祀活动中，茶经常作为圣洁之物被用于敬天祭地，以祈求国泰民安。到了隋唐时期，茶文化逐渐形成，并与儒、道、佛三教思想融合在一起，逐渐发展成为中华优秀传统文化的重要组成部分。

在中国，茶礼既是人们日常生活中的待客之道，也是社会交往的重要内容。客来敬茶是中国人重情好客的传统礼节，它包括许多具体的礼仪规范。例如，在敬茶时，要遵循“先尊后卑，先老后少”的原则，以体现对长者的尊重。又如，中国一直有“酒满敬人，茶满欺人”的说法，这是因为茶是热的，太满了容易烫伤手，也有对送茶人尊敬的意思。此外，茶礼还可以用于会友、联谊、示礼、代酒、倡廉、表德等场合中。

茶礼在中国古代婚礼中也占有重要地位，古代婚嫁的聘礼必定有茶。从订婚至结婚，常举行下茶、定茶、合茶、纳采、问名、纳吉、纳征、请期、亲迎等仪式，这些仪式合称为“三茶六礼”。完成三茶六礼后，男女双方的婚姻才算是明媒正娶。

茶礼作为中国人谦、和、礼、敬价值观的载体，不仅是一种独特的社交礼仪，更是一种深入骨髓的生活哲学，它深刻影响着人们的社交方式和生活态度，是茶文化中不可或缺的一部分。

问题与思考：

（1）你知道哪些关于茶的礼仪？你对行茶礼仪是如何理解的？

（2）你看过茶艺表演吗？茶艺表演人员的仪表和姿态是怎样的？

任务一 学习茶艺基础礼仪

一、仪容礼仪

仪容主要包括人的发型、面部、双手、服饰等方面。在茶事活动中，习茶者自然健康、整洁端庄的仪容能给客人留下美好的第一印象，从而为其创造良好的品茗体验。因此，每位习茶者都应遵守相应的仪容礼仪。

习茶者仪容仪态

（一）发型

女性习茶者应注意以下几点：① 如果是短发，则应用发卡固定侧边的头发，防止在进行茶艺操作时头发散开，从而影响操作；② 如果是长发，则应将长发盘起或扎成辫子，发型以与自己的脸型、体型、年龄和着装等搭配为宜，不可太复杂；③ 如果有刘海，则刘海不宜留得过长、过厚。

男性习茶者应留短发，其发型应适合自己的脸型和气质，总体上给人以舒适、整洁、大方的感觉。

（二）面部

一般来说，女性习茶者可以适当化淡妆，切忌浓妆艳抹。男性习茶者应保持面部洁净，鼻毛不外露，不留胡须；唇部应保持湿润，可涂抹适量的无色润唇膏。

此外，表情是个人内心情感的外在表现。在茶事活动中，习茶者应始终面带微笑，给人以平和、亲切的感觉。

（三）双手

在茶事活动中，客人会观看泡茶的全过程，其注意力也会较多地停留在习茶者的双手上。因此，习茶者手部的清洗和保养非常重要。

在日常生活中，习茶者要勤洗手，以保持双手清洁；洗手后，应及时涂抹护手霜，以使手部肌肤保持润泽；应把手指甲修剪整齐，不留过长的指甲，不涂抹有颜色的指甲油。

在进行茶艺活动前，习茶者手上不能抹护手霜或其他化妆品，以免破坏茶香，影响客人的品茗体验；手腕、手指上不能佩戴饰品，以免划伤茶具。

（四）着装

习茶者在着装时应注意以下几点：① 服装应干净整洁，大方得体，符合自己的形象和气质；② 服装颜色不宜太鲜艳，以免破坏和谐优雅的茶艺活动氛围；③ 服装应与茶室、茶具等周围环境相协调，其款式应以中式风格为主，袖口不宜过宽、过长，以防沾上茶水，给客人留下不专业和不卫生的印象。

二、姿态礼仪

（一）站姿

女性习茶者站立时，应注意以下两点。

（1）两手自然交叠，右手放在左手上，双手大拇指交叉、虎口交握置于腹前并贴于肚脐处，手指伸直但不外翘，肘部略向外张。

（2）双腿并拢，两脚脚后跟并拢、脚尖呈“V”字形或“丁”字形站立。呈“V”字形站立时，脚尖分开 45°～60°，身体重心落于两脚之间，如图 10-1 所示；呈“丁”字形站立时，左脚位于右脚前，左脚脚后跟靠在右脚的内侧足弓处，身体重心尽量提高，如图 10-2 所示。

图 10-1　呈“V”字形站立

图 10-2　呈“丁”字形站立

男性习茶者站立时，应注意以下两点。

（1）双手手指并拢、自然弯曲，双臂放松、自然下垂并置于身体两侧；或者左手在上，双手虎口交握并放于背后。

（2）双腿分开站立，脚尖略向外，两脚脚尖之间的距离与肩同宽，身体重心落于两脚之间，如图 10-3 所示；或者两脚脚后跟靠紧，脚尖分开 45°～60°，呈“V”字形站立，如图 10-4 所示。

图 10-3　双腿分开站立

图 10-4　双腿呈“V”字形站立

（二）坐姿

习茶者应具有端庄的坐姿，以展现出文雅、稳重、大方、自然、亲切的美感。坐姿的基本要求是挺胸、收腹、头正、肩平。具体来说，习茶者进行茶艺操作时的坐姿要点如下。

（1）入座时，习茶者应从座位的左侧走到座位前，转身站定，然后双脚并拢，右脚后退半步，轻稳地坐下。女性习茶者穿长裙入座时应用手向前轻拢裙摆，以保持裙边平整、无褶无皱，并防止走光。

（2）入座后，习茶者应做到头部端正，双目平视，嘴唇微闭，双肩放平，腰部挺直，不倚靠椅背；左脚和右脚并齐，最好坐在椅子的1/2或2/3处。

（3）入座后，女性习茶者应双腿并拢，双手虎口交握且右手在上，并将手置放于胸前或桌面上；男性习茶者两膝间可保持一拳的宽度，双手分开如肩宽，半握拳轻搭于前方桌沿或放在腿上。

（4）在泡茶过程中，习茶者的肩部不能因操作动作的改变而左右倾斜。

（三）蹲姿

习茶者常用的蹲姿主要有取物式蹲姿和奉茶式蹲姿两种。

1. 取物式蹲姿

取物式蹲姿是指拿取低处的物品或捡起掉落在地上的物品时所采取的蹲姿。具体来说，习茶者蹲下时，不能直接弯下身体翘起臀部，这是既不雅观又不礼貌的行为。正确的做法是腰背挺直、略向前倾，站在要拿或拾的东西旁边，缓慢地屈膝蹲下。同时，两脚稍分开，左脚在前，全脚着地；右脚在后，前脚掌着地且脚跟提起，如图10-5所示。

2. 奉茶式蹲姿

奉茶式蹲姿是指奉茶时所用的蹲姿。

如果桌面相对较高，则习茶者可以在下蹲时左脚在前，右脚稍后（左右脚不重叠）；右膝低于左膝，两腿靠紧，合力支撑身体；上身挺直，放松双肩，桌面较高时的蹲姿如图10-6所示。

如果桌面相对较低，则习茶者可以在下蹲时左脚在前，左小腿垂直于地面，全脚着地；右脚在后，前脚掌着地，右腿与左腿交叉重叠；两腿靠紧，合力支撑身体。

图 10-5 取物式蹲姿

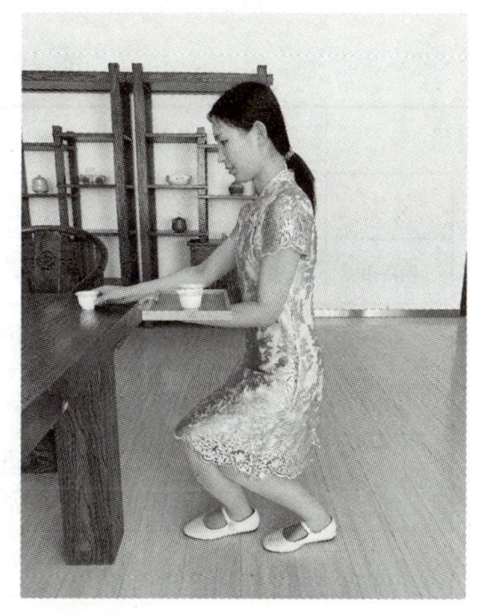

图 10-6 桌面较高时的蹲姿

（四）行姿

行姿又称“走姿”“步态”，是在站姿的基础上展示人体动态美的一种姿态。习茶者行走时，应做到以下几点：① 上身挺直，保持平稳，头部端正，下颌微收，两肩齐平，挺胸、收腹、立腰，两眼平视，面带微笑；② 脚跟先接触地面，身体重心稍向前倾，提胯由大腿带动小腿向前迈步，两脚应有节奏地交替踏在一条虚拟的直线上，脚步要轻而稳；③ 手臂自然地前后摆动，摆幅以向前 25°、向后 15°为宜；④ 步幅适中，步速均匀，不应忽快忽慢。

此外，习茶者还需要根据实际情况调整自己的步态：① 向右转时右脚先行，向左转时左脚先行。出脚不对时，可原地多走一步，待调整好后再转弯。② 转身时，腰身先转，头随后转。③ 如果到达客人面前时为侧身状态，则需要先转身再奉茶。④ 需要回身离开时，不可扭头就走，而是应面对客人先退后两步，再侧身转弯，以示对客人的尊敬。⑤ 引领客人时，要尽量走在客人的左侧前后，同时上身稍向右转体，侧身向着客人，保持两三步的距离。

任务测评

学生分组练习站姿、坐姿、蹲姿和行姿，要求仪容整洁端庄，动作标准、优美，落落大方。在练习结束后，各组参考表 10-1 所列的评价标准对每位成员的练习情况进行评价，并请教师给出改进建议。

表 10-1 任务测评表

评价项目		评价要求	分值	得分
仪容	发型	整齐、自然，适合自己的脸型、气质	10	
	面部	整体洁净，唇部润泽，鼻毛不外露，精神饱满	10	
	双手	干净，指甲整齐，肌肤润泽	10	
	着装	大方得体，干净整洁，与周围环境相协调	10	
姿态	站姿	女性站姿应优美、庄重、大方，体现柔和轻盈之美；男性站姿应稳健、刚毅、洒脱，体现阳刚之美	15	
	坐姿	端庄，头正肩平，双手放于合适位置，面带微笑	15	
	蹲姿	动作优美、规范	15	
	行姿	步态端正，步幅适中，步速均匀	15	
总分				

任务二 掌握行茶礼仪

行茶礼仪是指在泡茶、奉茶、品茶过程中遵循的一系列礼节和仪式。它体现了习茶者、品茗者对茶的尊重及自我修养。

一、习茶者礼仪

（一）鞠躬礼

鞠躬礼即弯腰行礼，是中国的一种传统礼仪。在迎宾、送客、茶艺演示开始和结束时，习茶者要行鞠躬礼。

行茶的基础动作

在茶事活动中，鞠躬礼有站式、坐式和跪式 3 种。每种鞠躬礼根据弯腰程度的不同，又可分为真礼、行礼和草礼。

1. 站式鞠躬礼

站式鞠躬礼以站姿为基础，其真礼的要求如下：左手在里，右手在外，两手并拢相握于腹前，然后弯腰，使头、背与腿约呈 90°的弓形，稍微停一下后慢慢起身，恢复站姿。行礼与真礼相似，但头、背与腿约呈 120°的弓形，如图 10-7 所示。草礼只需要将身体向前稍微倾斜，头、背与腿约呈 150°的弓形，如图 10-8 所示。需要注意的是，行鞠躬礼切忌只低头不弯腰，或者只弯腰不低头。

图 10-7 真礼

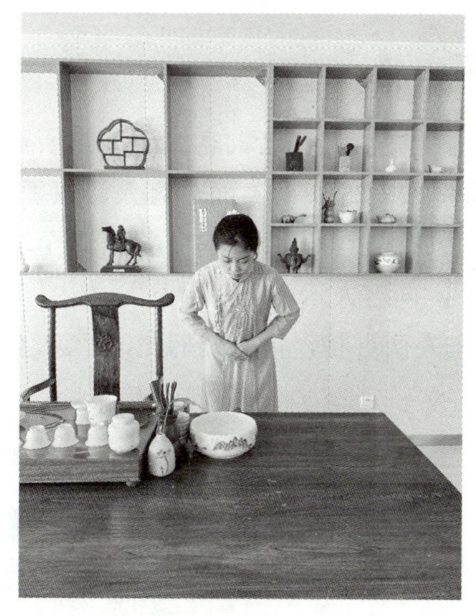

图 10-8 草礼

2. 坐式鞠躬礼

坐式鞠躬礼（见图 10-9）以坐姿为基础，其真礼的要求如下：双手掌心向下，手指自然并拢并平放在膝盖上，上身前倾约 45°，弯腰到位后稍微停一下，然后慢慢直起上身，恢复坐姿。行礼与真礼相似，但上身前倾的角度小于 45°。草礼只需要稍微欠身即可。

3. 跪式鞠躬礼

跪式鞠躬礼（见图 10-10）以跪姿为基础，其真礼的要求如下：① 头和上身前倾约 45°，双臂自然下垂，手指自然合拢；② 双手掌心向内、指尖相对，呈倒“八”字形，或者掌心向下，触地于双膝前的位置；③ 直起时目视手尖，缓缓直起，面带笑容。

行礼与真礼相似，但上身倾斜约 30°即可。草礼只需要头和上身略向前倾即可。

图 10-9 坐式鞠躬礼

图 10-10 跪式鞠躬礼

（二）奉茶礼

奉茶礼是指习茶者向客人敬茶时所需要遵守的礼仪规范，体现了对客人的尊重。奉茶礼的基本要求如下：① 面对客人，双手端茶盘或茶托，面带笑容，行至客人面前；② 向客人行礼后，上身前倾，右手将茶送至客人面前，然后伸出右手，五指并拢，手掌与杯身均呈 45°，向客人示意“请用茶”，如图 10-11 所示；③ 收回右手，左脚先后退一步，右脚跟上并与左脚并拢，再行鞠躬礼，示意客人“请慢用”。

图 10-11　向客人示意“请用茶”

需要注意的是，在奉茶时，习茶者可以握茶杯的杯身或杯底，切忌手触杯口或用五指抓住杯沿；放置杯盖或壶盖时必须将盖口朝上，切忌将盖口朝下放在桌子上。

茗香漫谈

“下茶”之礼

在古代中国，关于泡茶品茗的礼仪非常多，它们是中国人生活礼仪中的重要组成部分。“下茶”礼就是其中的一种。

“下茶”礼源自中国古代女子出嫁时的陪嫁习俗。古人认为，茶树是不能移植的，因为移植过的茶树就不能繁殖了。因此，古人取茶树的不迁之意，以茶为聘礼，既表示对美满婚姻的良好祝愿，也以此来象征男女双方对爱情的专一和坚贞。唐太宗时，文成公主嫁到吐蕃，就带去了许多当时的名茶。这些名茶既是嫁妆，又体现了当时的和亲礼仪。到了清代，这种礼仪在民间已十分普遍，可谓相沿成俗。

古人谈婚论嫁，在互相交换过生辰八字，并且双方都觉得合适后，男方就会送去定亲的聘礼。由于聘礼中通常有茶，后世就将男方送定亲聘礼的过程称为“下茶”，将女方接受聘礼的过程称为“受茶”。在《红楼梦》第二十四回中，凤姐送了黛玉两小瓶新茶；到了第二十五回时，凤姐逗趣黛玉说：“你既吃了我们家的茶，怎么还不给我们家做媳妇？”这句话就借用了“下茶”之意。古人在小说、戏剧中常说的“从来没有好人家的女儿吃两家茶”，也同样表达了这层意思。

婚俗中还有“三茶六礼”之说。所谓“三茶”，即订婚时的“下茶”之礼、结婚时的“定茶”之礼、洞房时的“合茶”之礼。此外，在婚礼中谒见长辈时，新人还需要“献茶”，以表示对长辈的敬意。

（资料来源：王建荣、郭丹英，《品茶说茶：在中国茶叶博物馆漫步》，东方出版社，2013 年）

二、品茗者礼仪

（一）叩指礼

叩指礼又称“叩手礼”，是指品茗者向习茶者表达感谢的礼仪。

根据身份的不同，品茗者可以使用不同形式的叩指礼：① 若品茗者是习茶者的晚辈或下级，则品茗者需要用五指叩指礼，即五指并拢成拳，拳心向下，然后敲击桌面，如图 10-12 所示；② 若品茗者是习茶者的长辈、上级或来消费的客人，则品茗者需要用食指或中指敲击桌面，有点头示意的意思，如图 10-13 所示；③ 若品茗者与习茶者是平辈，则品茗者需要将食指和中指并拢，同时敲击桌面，有双手抱拳作揖的意思，如图 10-14 所示。叩指礼通常敲 3 下即可。

图 10-12　五指叩指礼

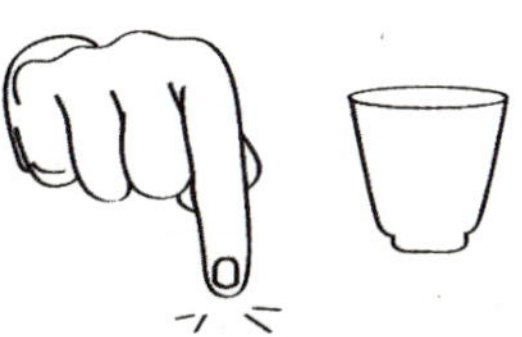

图 10-13　单指叩指礼

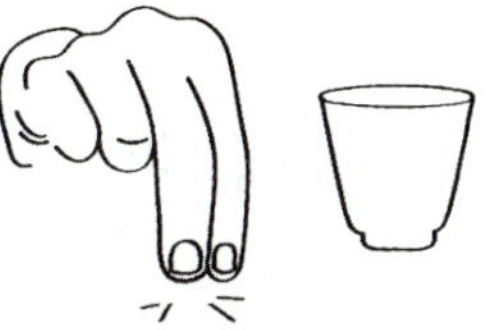

图 10-14　双指叩指礼

（二）握杯礼

握杯礼是品茗者在喝茶时需要遵守的握杯礼仪。

女士拿品茗杯时，应用食指和大拇指轻握杯身，中指轻托杯底边缘，无名指轻托杯底，如图 10-15 所示。这种握杯姿势既稳当，又雅观，有“三龙护鼎”的寓意。

男士拿品茗杯时，应用食指和大拇指轻捏茶杯边缘，其余 3 指轻搭在食指旁边，自然握杯，如图 10-16 所示。这种握杯姿势简单稳重，有“大权在握”的寓意。需要注意的是，男士握杯讲究随意，将茶杯拿得太紧反而会失了风度。

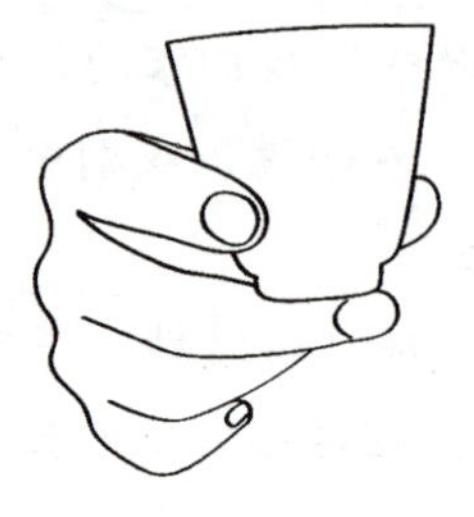

图 10-15　女士握杯姿势

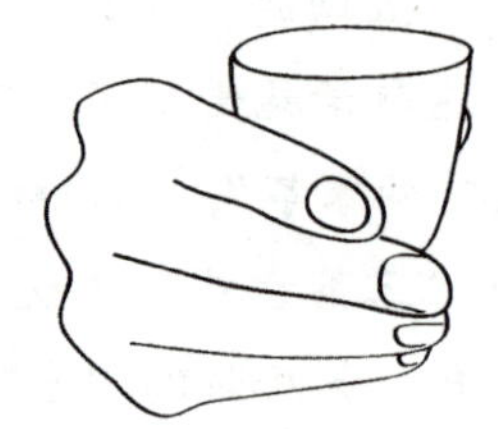

图 10-16　男士握杯姿势

任务测评

学生分组练习鞠躬礼、奉茶礼、叩指礼和握杯礼。在练习结束后，各组参考表 10-2 所列的评价标准对每位成员的练习情况进行评价，并请教师给出改进建议。

表 10-2　任务测评表

评价项目	评价要求	分值	得分
鞠躬礼	姿态端正，动作流畅，角度适宜，眼神专注，面带微笑	25	
奉茶礼		25	
叩指礼	动作自然，手势和叩指次数正确	25	
握杯礼	动作自然，手势正确，握杯力度适中	25	
总分			

模块实训

茶艺礼仪训练

【实训目的】

加深对基础茶艺礼仪的理解，熟练掌握茶事活动的常用礼节，学会优雅地奉茶和品茶。

【实训时间】

40 分钟。

【实训准备】

盘发工具、化妆工具、化妆品、茶具和服装。

【实训方法】

小组讨论，分组排练，全班表演。

【实训步骤】

（1）全班学生每 6～8 人一组，组成若干小组。

（2）小组讨论，共同创作剧本。剧本要求：① 以品茶为主题，自创剧本，剧本背景为本市某茶馆；② 应该有泡茶、喝茶的完整情节，以及在泡茶与喝茶过程中对茶艺礼仪的运用，故事情节应合情合理。

（3）各组根据剧本排练，排练时，应注意区分客人、茶艺师、茶馆其他服务人员等不同人员的仪容姿态和行茶礼仪。

（4）各组轮流在全班表演本组的情景剧，其他小组认真观看并提出改进建议。

（5）教师针对本次活动的整体情况做总结性发言。

（6）各组参考表 10-3 所列的评价标准对每个成员的练习情况进行评价。

表 10-3 任务评价表

评价项目	评价要求	小组评分	教师评分
创作剧本	积极参与讨论	20	
	能对角色设置、情节设置等提出合理想法	20	
排练与表演	积极参加排练活动	20	
	能按照剧本要求认真排练与表演	20	
	所扮演的角色能够遵守茶艺礼仪，人物的动作、情感合情合理	20	
总分			

模块评价

本模块的学习已告一段落，请同学们结合理论知识的学习情况，课前、课中和课后的任务完成情况，以及素质目标的达成情况 3 个方面，按照表 10-4 的评价标准对本模块的学习效果进行自评和互评，并请教师进行总体评价。

表 10-4　综合评价表

<table>
<tr><th rowspan="2">评价项目</th><th rowspan="2">评价内容</th><th rowspan="2">分值</th><th colspan="3">得分</th></tr>
<tr><th>自评</th><th>互评</th><th>师评</th></tr>
<tr><td rowspan="3">知识评价</td><td>能够简要阐述习茶者发型、面部、双手和着装的礼仪要求</td><td>10</td><td></td><td></td><td></td></tr>
<tr><td>能够简要阐述站姿、坐姿、蹲姿和行姿的要点</td><td>15</td><td></td><td></td><td></td></tr>
<tr><td>能够简要阐述鞠躬礼、奉茶礼、叩指礼和握杯礼的要点</td><td>10</td><td></td><td></td><td></td></tr>
<tr><td rowspan="3">技能评价</td><td>遵守仪表礼仪，并在茶艺表演时灵活运用鞠躬礼和奉茶礼</td><td>15</td><td></td><td></td><td></td></tr>
<tr><td>能够在品茶时遵守品茗者礼仪</td><td>15</td><td></td><td></td><td></td></tr>
<tr><td>能够积极完成课后实训活动，并根据实训情况进行反思与总结</td><td>15</td><td></td><td></td><td></td></tr>
<tr><td rowspan="2">素质评价</td><td>养成良好的行为习惯，展现出优雅、专业的形象，积极提升个人气质</td><td>10</td><td></td><td></td><td></td></tr>
<tr><td>学会有效处理人际关系，提升人际交往能力</td><td>10</td><td></td><td></td><td></td></tr>
<tr><td colspan="2">合计</td><td>100</td><td></td><td></td><td></td></tr>
<tr><td>总分</td><td colspan="5">自评（30%）+互评（30%）+师评（40%）=</td></tr>
</table>

专题四

科学饮茶与健康生活

模块十一

科学饮茶

科学饮茶是在深入了解茶叶的特性和成分的基础上，合理地选择和冲泡茶叶，并适度品饮茶汤的健康饮茶方式。科学饮茶不仅是一种健康的生活方式，还是一种对身心健康的深切关注和呵护。人们应了解茶叶中的各种有益成分，并根据季节变化和个人体质的不同来选择适合的茶叶冲泡，从而在享用茶的过程中，既品味到茶的独特韵味，又获得身心的健康与愉悦。

学习目标

知识目标：

- 了解茶的主要成分、主要功效及饮茶禁忌。
- 熟记“看时喝茶”“看人喝茶”的要点。

能力目标：

- 能够为不同的人群推荐适合的茶品。

素质目标：

- 树立科学饮茶的理念。
- 养成科学饮茶的习惯，保持良好的心态。

模块导入

茶之养生功效

茶一开始是作为药物存在的，很多古代医书都有关于茶叶的药用价值的论述。

唐代中药学家陈藏器在《本草拾遗》中将茶描述为“万病之药”。唐代苏敬等人在《新修本草》中描述茶为味甘、苦，性微寒、无毒之物，其功效有利尿、祛痰、去热、解渴、令人少睡等功效。后世医家均秉承其理论，不断开拓茶的药用功效。

宋代，茶业飞速发展，中医茶疗的使用方法和运用范围也逐渐扩大。熟药所（当时的官方药事管理机构）编纂的《太平惠民和剂局方》和王怀隐等人编纂的《太平圣惠方》中，均有以茶入药的记载。

到了明代，李时珍在《本草纲目》中对茶进行了系统性的总结，指出：“茶苦而寒，阴中之阴，沉也降也，最能降火。”①

如今，茶的功效已经得到广泛认可。它不但成为中国人日常生活中必不可少的保健饮品，而且风靡全球，受到全世界人民的喜爱。

问题与思考：

你知道茶中含有哪些有益成分吗？人们应如何健康饮茶？

任务一 了解茶的主要成分及功效

一、茶的主要成分

在茶树鲜叶中，水分约占75%，干物质约占25%。目前，从茶叶中鉴定分离出的化学成分已有700余种，主要包括茶多酚、生物碱、氨基酸、糖类物质、色素、维生素等。

（一）茶多酚

茶多酚是茶叶中多酚类物质的总称，包括儿茶素、黄酮、花青素和酚酸等化合物。其中，儿茶素类化合物占茶叶中茶多酚总量的60%～80%，其带有苦涩味道，对茶汤滋味有很大的影响。

---

① 李时珍撰《本草纲目》，赵尚华、赵怀舟点校，中华书局，2021。

（二）生物碱

茶叶中的生物碱主要包括咖啡碱、可可碱和茶碱等。其中，咖啡碱是茶叶中含量最高的生物碱，约占茶叶干重的2%～4%，它能溶于水，尤其在80℃以上的热水中更容易溶解，是形成茶叶滋味的重要物质之一。

（三）氨基酸

茶叶中的氨基酸种类丰富，主要包括茶氨酸、谷氨酸、精氨酸、丝氨酸、丙氨酸等。其中，茶氨酸是茶叶中特有的游离氨基酸，也是茶叶中含量最高的氨基酸。它是影响茶叶品质的一种重要鲜味剂，能缓解茶的苦涩味，增强甜味。

（四）糖类物质

茶叶中的糖类物质较为丰富，主要包括单糖、双糖及多糖等。

茶叶中的单糖和双糖是可溶性糖。它们能溶于水，使茶汤具有甜醇味，是形成茶汤滋味的重要物质。它们还能转化为香气物质，从而增强茶的香气。

茶叶中的多糖包括淀粉、纤维素、半纤维素和果胶等，这些多糖大部分不溶于水，并且其含量会随着芽叶的老化而增加。在冲泡茶叶的过程中，这些多糖物质可以发生水解作用，从而对茶汤的滋味和香气产生一定影响。

（五）色素

色素是存在于茶树鲜叶和成品茶中的有色物质，是使茶叶色泽、茶汤色泽、叶底色泽显现的重要成分。茶叶中的色素通常包括脂溶性色素和水溶性色素。脂溶性色素不溶于水，包括叶绿素、叶黄素及类胡萝卜素等，主要影响干茶色泽及叶底色泽。水溶性色素包括儿茶素、茶黄素、茶红素和茶褐素等，主要影响茶汤的颜色。

（六）维生素

茶叶中含有多种维生素，如维生素A、维生素C、维生素D、维生素E、维生素K，以及B族维生素。其中，维生素C的含量较高。维生素C与B族维生素同属水溶性维生素，可以溶于茶汤，直接被人体吸收利用。

茗香漫谈

喝茶为何“苦尽甘来”

有的人因茶的苦涩而不喜欢喝茶，也有的人因茶的回甘而喜欢喝茶。那么，喝茶为什么会回甘呢？

回甘是指由苦涩味与甜味共同作用而形成的一系列味觉感受。它是一种入口时微苦，随着时间的推移，口腔内的甜味逐渐超过苦涩味，最终以甜味结束的过程。关于回甘产生的原因，主要有以下两种说法。

第一，茶叶中的茶多酚和咖啡碱等物质会在口腔中产生苦味。当这些成分的含量合适，对味蕾的刺激恰到好处时，苦味消失得很快，表现在口感上就是“先苦后甜”。

第二，茶汤有生津作用，能够刺激唾液腺分泌唾液，帮助口腔保持湿润。这一过程不仅可以提升品茶的口感，还能促进消化并帮助人体吸收养分。同时，茶汤的生津作用还伴随着回甘的感受，使得品茶过程更加愉悦。

（资料来源：佚名，《喝茶为何“苦尽甘来”》，《生命时报》，2019 年 2 月 26 日）

二、茶的主要功效

茶作为一种传统的饮品，具有多种功效，对人体健康有着积极的影响。总的来说，茶的主要功效包括以下几点。

（一）提神醒脑

茶叶中的茶多酚、咖啡碱等成分能够刺激人的中枢神经系统，起到提神、醒脑的作用。需要注意的是，过量摄入咖啡碱可能会导致过度兴奋、失眠等，因此，人们在饮茶时需要注意适量。

（二）帮助消化

茶叶中的儿茶素可以促进胃液分泌，提高新陈代谢，从而帮助人体缓解胃胀和消化不良等问题。茶叶中富含的黄酮类物质可以通过促进胃肠蠕动和增强消化酶活性等方式，辅助食物的消化与吸收。此外，茶叶中的咖啡碱也能促进胃液分泌，增加胃酸浓度，加速机体代谢，从而促进食物在人体内的消化和吸收。

除了提神醒脑和帮助消化之外，茶叶中的多酚类物质、维生素及矿物质等成分，还具有预防心血管疾病、消炎抗菌、明目等多重功效。

任务测评

以下题目为不定项选择题，请仔细审题，并作答。

1. 目前，从茶叶中鉴定分离出的化学成分已有（　　）余种。

A. 400　　B. 700　　C. 600　　D. 500

2. 下列选项中，（　　）是导致茶叶滋味苦的重要成分。

A. 茶氨酸　　B. 咖啡碱

C. 茶多酚　　D. 多糖

3. 茶叶中的咖啡碱不具有（　　）的作用。

A. 提神醒脑　　B. 加速新陈代谢

C. 调节体温　　D. 抗衰老

4. 在茶树鲜叶中，水分的含量约占（　　）。

A. 50%　　B. 65%　　C. 75%　　D. 80%

任务二　探究饮茶与健康的关系

一、看时喝茶

看时喝茶

中医理论认为，看时喝茶，即根据时节的不同，选择适合的茶叶和品饮方式，更有利于身体健康。

春季，很多人都会出现困倦乏力的情况，这时最适合饮用花茶。花茶甘凉，香气浓郁，能够令人精神振奋。同时，它还可以提高人体机能，从而缓解春困给人带来的不适。

夏季，气候炎热，暑气逼人，适合饮用性味苦寒的茶类，如绿茶和白茶。绿茶性凉，可以驱散人体中的暑气；白茶有健胃、提神、清热祛暑的功效，饮用白茶可以让人感到清爽舒适。此外，生茶（即新鲜的茶叶采摘后以自然的方式陈放，未经过渥堆发酵处理的茶）有着接近绿茶的口味，在夏季饮用可以消暑去燥、清热止渴。

秋季，天气转凉，气候干燥，适合饮用乌龙茶。乌龙茶介于红茶和绿茶之间，性平和。秋天饮上一杯乌龙茶，既能有效清除体内的积热，又能润喉、益肺、补充津液，让身体尽快适应季节的变化。

冬季，寒气袭人，人体生理机能减退，对能量与营养要求较高，适合饮用味甘性温的黑茶和红茶。黑茶能够祛除体内寒气，起到暖胃和提高机体抵抗力的作用。红茶含有丰富的蛋白质，冬季饮用，可补益身体，生热暖腹，从而增强人体对寒冷的适应能力。

二、看人喝茶

看人喝茶

人的体质各不相同，不同茶类的功效也各有不同。中医理论认为，人的体质不同，适合喝的茶也不同。

（一）平和质

平和质以体态适中、面色红润、精力充沛等为主要特征。这种体质的人平素患病较少，对自然环境和社会环境适应能力较强。

平和质的人饮茶没有过多的禁忌，只需要注意不要饮过烫、过浓、过量的茶即可。

（二）气虚质

气虚质以疲乏、气短、自汗等为主要特征。这种体质的人不耐受风、寒、暑、湿、热邪。

气虚质的人应少喝绿茶等带有一定刺激性的茶类，多喝发酵度较高的红茶、普洱熟茶，以及经过焙火的乌龙茶等。

（三）阴虚质

阴虚质以口燥咽干、手足心热等虚热表现为主要特征。这种体质的人体形偏瘦，耐冬不耐夏。

阴虚质的人应喝一些口感清爽、养阴生津的茶类，如黄茶、白茶等。此外，乌龙茶也具有生津止渴的功效，阴虚质的人也可以适量饮用。

（四）阳虚质

阳虚质以畏寒怕冷、手足不温等虚寒表现为主要特征。这种体质的人肌肉松软不实，耐夏不耐冬。

阳虚质的人应避免饮用寒凉的饮品，可以多喝红茶、普洱熟茶等暖胃暖身的茶类。

（五）湿热质

湿热质以面垢油光、口苦、苔黄腻等为主要特征。这种体质的人形体中等或偏瘦，易生痤疮，容易心烦急躁，对潮湿或气温偏高的环境较难适应。

湿热质的人可以饮用绿茶、乌龙茶、白茶等，以祛除湿气。需要注意的是，饮茶只能在一定程度上缓解症状，而不能代替药物治疗。

（六）痰湿质

痰湿质以形体肥胖、腹部肥满、口黏苔腻等为主要特征。这种体质的人面部皮肤油脂较多，多汗且黏，对梅雨季节及潮湿环境的适应能力差。

痰湿质的人要注意排毒，在饮茶方面应选择清淡平和的茶类，如老白茶、普洱茶、菊花茶等。

（七）血瘀质

血瘀质以肤色晦暗、舌质紫暗等为主要特征。这种体质的人易烦、健忘，不耐受寒邪。

血瘀质的人可以适量饮用玫瑰花茶、菊花茶、陈皮茶等清爽的茶类，以便促进血液循环并改善情绪。

（八）气郁质

气郁质以神情抑郁、忧虑脆弱等为主要特征。这种体质的人大多形体消瘦，对精神刺激适应能力较差。

气郁质的人可以饮用乌龙茶、花茶等气味芳香的茶类，以便疏肝解郁、理气活血、缓解焦虑。

（九）特禀质

特禀质以过敏反应等为主要特征。这种体质的人容易焦虑，对易致敏季节的适应能力差。

特禀质的人可以适当饮用发酵程度较高、焙火程度适中的茶类，如红茶、乌龙茶、黑茶等。因体质高度敏感，特禀质的人一定不能饮茶过量。

三、饮茶禁忌

虽然饮茶有很多好处，但是不合理、不科学的饮茶方式可能会损害人的身体健康。因此，饮茶时应注意以下禁忌。

（一）忌饮过凉或过热的茶

温度过低的茶水，容易引起肠胃不适；温度过高、烫嘴的茶水，可能会烫伤口腔和食道，长此以往可能会引发器官的病变。因此，在饮茶时，要确保茶水的温度适中，避免过凉或过热。

（二）忌进餐前后饮茶

进餐前后均不应大量饮茶。饭前饮茶会稀释胃酸，影响人体对食物的消化和吸收；饭后饮茶会加重肠胃的负担，而且茶叶中的茶多酚会与食物中的蛋白质、铁等发生凝固反应，从而影响人体对蛋白质和铁的消化和吸收。因此，在日常生活中，饮茶应尽量避开用餐时间。

（三）忌饮隔夜茶

茶叶冲泡后放置一晚上，不仅容易被有害微生物污染，而且其中具有保健作用的成分可能已经被破坏。人饮用这种隔夜茶，可能会导致胃肠道感染。同时，隔夜茶中的鞣酸含量较高，其与蛋白质结合会形成难以被人体吸收的物质，从而影响人体对营养的吸收和利用。

（四）忌饮浓茶

浓茶中含有过量的茶多酚和咖啡碱。长期饮用浓茶会造成人体新陈代谢功能紊乱，引发头痛、恶心、失眠等问题。此外，长期过量饮用浓茶还可能干扰人体对铁的吸收，导致贫血。

（五）忌服药期间饮茶

从中医的角度看，茶本身就是一味中药；从西医的角度看，茶中的茶多酚、茶氨酸、咖啡碱等成分都具有药理功能，存在与各种药物发生化学反应或相互作用的可能性。因此，在服药后的两个小时内不宜饮茶，以免影响药效或产生不良反应。

任务测评

以下题目为不定项选择题，请仔细审题，并作答。

1．适合冬季饮用的茶是（　　）。

A．红茶　　B．白茶

C．黄茶　　D．绿茶

2．适合春季饮用的茶是（　　）。

A．茉莉花茶　　B．白茶

C．黄茶　　D．绿茶

3．（　　）性寒，不适合气虚质的人饮用。

A．黑茶　　B．红茶

C．绿茶　　D．乌龙茶

4．（　　）的人要注意排毒，在饮茶方面应选择清淡平和的茶类，如老白茶、普洱茶、菊花茶等。

A．气虚质　　B．阳虚质

C．痰湿质　　D．湿热质

5.（　　）的人应饮用乌龙茶、花茶等气味芳香的茶类，以便疏肝解郁、理气活血、缓解焦虑。

A．湿热质　　　　B．阳虚质
C．痰湿质　　　　D．气郁质

6．关于科学饮茶，以下说法错误的是（　　）。

A．处于经期、孕期和产期的女性应少饮茶
B．缺铁性贫血患者宜饮茶
C．长期使用电脑工作的人员不宜饮茶
D．茶不宜与药物同时饮用

模块实训

健康饮茶知识竞赛

【实训目的】

进一步了解科学饮茶的知识，积极培养健康的生活方式，同时提高个人的文化素养和团队协作能力。

【实训时间】

40 分钟。

【实训准备】

学生分别搜集 5～10 道关于健康饮茶知识的题目并进行互审，以确保知识的正确性，然后将这些题目与教师提供的题目一起收入班级题库中。

【实训方法】

组内个人赛与各组团体赛结合，既考察个人知识积累，又强调团队合作。

【实训步骤】

（1）全班学生分为 5 组（每组学生数量尽量相等），每组选出一名组长。

（2）各组组长组织组内个人赛。

（3）各组选出答题情况较好的 3 名成员作为本组的参赛队员。

（4）在全班开展知识竞赛活动，竞赛规则如下：① 共 50 题，包括 30 道必答题和 20 道抢答题，题目由各组组长轮流在班级题库中抽选；② 在必答题环节，各组的参赛队员轮流回答题目，每答对一题得 1 分，答错不得分；③ 在抢答题环节，需要答题的参赛队员答题时，其他参赛队员和场下观众不得以任何方式提醒或代答；④ 教师充当记分员，将每队抢答到的题目及答对的题目数量记录在黑板上。

（5）所有题目答完后，全班根据各组的得分情况评选出此次知识竞赛的冠军团队并给予该队适当奖励。

模块评价

本模块的学习已告一段落，请同学们结合理论知识的学习情况，课前、课中和课后的任务完成情况，以及素质目标的达成情况 3 个方面，按照表 11-1 的评价标准对本模块的学习效果进行自评和互评，并请教师进行总体评价。

表 11-1　综合评价表

评价项目	评价内容	分值	得分		
			自评	互评	师评
知识评价	能够简要介绍茶的主要成分及其对人体健康的益处	15			
	能够简要阐述不同类型茶的特性，并明确各类茶所适宜的人群和饮用的季节	20			
技能评价	能够根据气候、季节和个人体质选择合适的茶叶	15			
	能够运用所学知识科学饮茶，并指导家人健康饮茶	15			
	能够积极完成课后实训活动，并根据实训情况进行反思与总结	15			
素质评价	树立健康的生活理念，认识科学饮茶对提高生活质量的重要性	10			
	培养科学饮茶的习惯和积极向上的生活态度	10			
合计		100			
总分	自评（30%）+互评（30%）+师评（40%）=				

参考文献

[1] 陈宗懋，杨亚军. 中国茶经 [M]. 上海：上海文化出版社，2011.

[2] 王玲. 中国茶文化 [M]. 北京：九州出版社，2019.

[3] 张柏. 茶文化 [M]. 北京：中国文史出版社，2019.

[4] 丁以寿. 茶艺与茶道 [M]. 北京：中国轻工业出版社，2019.

[5] 陈丽敏. 茶与茶文化 [M]. 2 版. 重庆：重庆大学出版社，2022.

[6] 李岚，王婧. 茶艺与茶文化 [M]. 北京：中国旅游出版社，2021.

[7] 舒黎，唐望庆. 中国茶 [M]. 北京：中国商业出版社，2017.

[8] 夏涛. 制茶学 [M]. 3 版. 北京：中国农业出版社，2014.

[9] 周国富. 茶：文化与产业 [M]. 杭州：浙江人民出版社，2020.

[10] 静清和. 茶与健康 [M]. 南京：江苏凤凰文艺出版社，2019.